KORPORATION DER KAUFMANNSCHAFT VON BERLIN.

Handels-Hochschule Berlin.

Vorlesungen und Übungen

im Winter-Semester 1912/13.

Preis 30 Pf. Zu haben beim Pedell in der Pförtner-Loge des Hochschulgebäudes (am Eingang Spandauer Str. 1)

Verlag von Georg Reimer
Berlin W35, Genthiner Straße 38.

Inhalt.

A.

Lehrkörper der Handels-Hochschule Berlin.

(Die Sprechstunden sind in Klammern angegeben.)

I. Rektor (Rektoratsperiode Januar 1911 bis Herbst 1913)

Dr. A. Binz, Professor (s. Nr. 1).

II. Stellvertreter des Rektors

Leitner, Professor (s. Nr. 5).

III. Dozenten im Hauptamte.

		Nummern der Vorlesungen.
1.	Dr. Binz, Professor der Chemie, Berlin W. 30, Habsburger Str. 10 II. *(Di, Mi, Fr 10-11 im Rektoratszimmer, Amt Ztr. 5115.)*	1, 85, 86, 88-90
2.	Dr. Eltzbacher, Professor der Rechtswissenschaft, Grunewald, Beymestr. 7. *(Mo 12 Uhr im Hochschulgebäude, Zimmer 111.)*	53, 62, 63, 66, 67
3.	Dr. Hellauer, Professor der Handelswissenschaften, Zehlendorf-West, Seestr. 53. *(Do 11-12 und nach Schluss der Vorlesungen im Hochschulgebäude, Zimmer 220.)*	3, 5, 6, 7, 21
4.	Dr. Jastrow, Professor der Staatswissenschaften, Westend, Nußbaumallee 24. *(Di, Fr 11 Uhr, Fr 5 Uhr im Hochschulgebäude, Zimmer 207. Di, Do 4-5 in der Privatwohnung.)*	25, 27, 38
5.	Leitner, Professor der Handelswissenschaften, Charlottenburg, Windscheidstr. 5 I. *(Im Hochschulgebäude, Zimmer 108, nach den Vorlesungen, Amt Ztr. 5311.)*	4, 13, 14, 15, 22
6.	Dr. Martens, Professor der Physik, Berlin NW. 23 (Bahnhof Bellevue), Claudiusstr. 4, Gartenhaus III. Etage. *(Täglich im Physikalischen Institut, Fernsprecher des Physikalischen Instituts, Amt Ztr. 5115.)*	78-83

Nummern der Vorlesungen.

7. Dr. Preuß, Professor des öffentlichen Rechts, Berlin W. 10, Matthäikirchstr. 29. *(Im Hochschulgebäude Zimmer 106 nach den Vorlesungen.)* 29, 64, 65

8. Dr. Schär, Professor der Handelswissenschaften, Groß-Lichterfelde-Ost, Schillerstr. 26, Telephon Amt Groß-Lichterfelde 3658. *(Di 11-12 im Hochschulgebäude, Zimmer 1, Amt Ztr. 5311.)* 8, 9, 17, 18, 23

9. Dr. Sombart, Professor der Staatswissenschaften, Charlottenburg, Suarezstr. 27 (Eingang Trendelenburgstraße.) *(Mi, Do um 1 Uhr im Hochschulgebäude, Zimmer 104, Amt Ztr. 5311.)* 26, 28, 39

10. Dr. Spies, Dozent der englischen Sprache, Berlin W. 57, Kurfürstenstr. 4 III. *(Im Hochschulgebäude, Zimmer 125, nach den Vorlesungen und Übungen, Amt Ztr. 5311.)* 97, 122-124

IV. Dozenten im Nebenamte.

11. Dr. Apt, Professor, Syndikus der Aeltesten der Kaufmannschaft von Berlin und Syndikus der Handels-Hochschule, Berlin NW. 40, In den Zelten 9a. *(Mi 12-1 in seinem Amtszimmer Neue Friedrichstr. 51 I.)*

12. Dr. v. Bortkiewicz, a. o. Professor an der Universität, Halensee, Johann-Sigismund-Str. 2, Amt Uhland 1951. *(Fr 10-11 in der Wohnung.)* 47

13. Dr. Crüger, Justizrat, Professor, Anwalt des Allgemeinen Deutschen Genossenschafts-Verbandes *(9-10 im Bureau des Allgemeinen Deutschen Genossenschafts-Verbandes, Charlottenburg, Berliner Strasse 102).* Amt Charlottenburg 597. 50, 51

14. Dr. Eger, Geheimer Regierungsrat, Berlin W. 10, Rauchstr. 5 II, Amt Lzw. 4974. *(Täglich 5-6 in der Privatwohnung; Do 8 abends im Hochschulgebäude, Zimmer 103).* 61

15. Dr. Frischeisen-Köhler, Privatdozent an der Universität, Friedenau, Isoldestr. 10. *(Nach der Vorlesung.)* 118

16. Dr. Paul Goldschmidt, Professor, Oberlehrer a. D., Steglitz, Hohenzollernstr. 7 I. *(3-4 in der Wohnung.)* 2

Nummern der Vorlesungen.

17. Dr. Hager, Regierungsrat a. D., Generaldirektor der Preußischen Lebens-Versicherungs-Aktien-Gesellschaft, Berlin W. 8, Mohrenstr. 62. *(Im Hochschulgebäude, Zimmer 103, vor und nach der Vorlesung.)* 45

18. Haguenin, Professor an der Universität Berlin, Wilmersdorf, Hohenzollerndamm 205, Amt Pfzb. 3054. *(Im Hochschulgebäude nach der Vorlesung, Di 11-1 in der Wohnung.)* 125

19. Hartung, Geh. Ober-Finanzrat, Wilmersdorf, Kaiserallee 200, Amt Pfzb. 147.

20. Hermann Hecht, Kaufmann, Mitinhaber der Firma Hecht, Pfeiffer & Co., Berlin SW. 68, Ritterstr. 48, Amt Mpl. 10 387, 10 388. *(Vormittags 9-10, Ritterstr. 48.)* 24

21. Dr. Heilfron, Amtsgerichtsrat, Professor, Charlottenburg, Fasanenstr. 6, Amt Charlottenburg 10 012. *(Nach den Vorlesungen im Hochschulgebäude, Zimmer 2.)* 54, 56, 60

22. Dr. Herrmann, Professor, Privatdozent an der Universität, Schriftleiter der Gesellschaft für deutsche Erziehungs- und Schulgeschichte, Berlin W. 50, Augsburger Str. 34 III. *(Mo, Do 4-5 in der Privatwohnung.)* 119

23. Dr. Hoeniger, Professor, Privatdozent an der Universität, Lehrer an der Kriegsakademie, Berlin W. 50, Kurfürstendamm 231, hochparterre. *(Di, Fr 3-½5 in der Privatwohnung.)* 74, 75

24. Dr. Justi, Professor, Direktor der Königlichen National-Galerie, Wilmersdorf, Xantener Str. 15, Amt Pfzb. 3786. *(Nach der Vorlesung im Hochschulgebäude.)* 120

25. Dr. Köbner, a. o. Professor an der Universität, Wirklicher Admiralitätsrat und Vortragender Rat im Reichs-Marine-Amt, Berlin W. 10, Matthäikirchstr. 28 parterre, Amt Lzw. 5194. *(Nach der Vorlesung im Hochschulgebäude.)* 40

26. Dr. Kriele, Volkswirtschaftlicher Beirat der Aeltesten der Kaufmannschaft von Berlin, Grunewald, Friedenthalstraße 21 (Haus zum Lodzer Webstuhl). *(Werktäglich von 10-11 Neue Friedrichstr. 51 I.)* 35, 36

Nummern der Vorlesungen.

27. Dr. Kuczynski, Direktor des Statistischen Amts der Stadt Schöneberg, Friedenau, Sponholzstr. 47, Amt Pfzb. 141. *(Nach den Vorlesungen im Hochschulgebäude, Zimmer 103.)* 30, 31
28. Dr. Kühne, Geheimer Regierungsrat, Charlottenburg, Schloßstr. 48. *(Nach der Vorlesung oder nach den Übungen im Hochschulgebäude.)* 115-117
29. Dr. Freiherr v. Liebig, Geheimer Regierungsrat, Mitglied des Kaiserlichen Aufsichtsamts für Privatversicherung, Berlin W. 15, Ludwigskirchstr. 10 III. *(Vor und nach den Vorlesungen im Hochschulgebäude, Zimmer 103.)* 44, 48
30. Dr. v. Luschan, o. Professor an der Universität, Geheimer Regierungsrat, Südende, Oehlertstr. 26, Amt Tempelhof 3222. *(Nach der Vorlesung.)* 42
31. Dr. Manes, Professor, Generalsekretär des Deutschen Vereins für Versicherungswissenschaft, Berlin W. 50, Prager Str. 26 I, Amt Pfzb. 6709. *(Nach den Vorlesungen im Hörsaal; in der Wohnung nach Verabredung.)* 43, 46, 49
32. Dr. Marcuse, Professor, Privatdozent an der Universität, Lehrer beim Luftschiffer-Bataillon und an der Militär-Technischen Akademie, Charlottenburg, Dahlmannstr. 5, Amt Charlottenburg 9434. *(Nach den Vorlesungen und Übungen.)* 70, 71, 72
33. Dr. F. Meyer, Geheimer Justizrat, Kammergerichtsrat, Berlin W. 15, Hohenzollerndamm 207. *(5-6 in der Privatwohnung.)* 55, 57
34. Dr. Muthesius, Geheimer Regierungsrat, Nikolassee, Dreilindenstraße.
35. Norden, Redakteur, Berlin W. 50, Spichernstr. 7, Amt Pfzb. 7299. *(In der Privatwohnung an jedem Sonnabend von 5-6.)* 10
36. Dr. Osterrieth, Professor, Generalsekretär des Deutschen Vereins für den Schutz des gewerblichen Eigentums, Berlin, Bureau: W. 66, Wilhelmstr. 57-58 II, Amt Ztr. 5404. *(Von 12-2 im Bureau.)* 59
37. Dr. Palme, Lehrer am Orientalischen Seminar der Universität, Berlin W. 57, Bülowstr. 67 III. *(Im Sprechzimmer nach den Vorlesungen und Übungen, in der Wohnung nach Verabredung.)* 73, 106

Nummern der Vorlesungen.

38. Paschke, Verlagsbuchhändler, Inhaber der Haude & Spenerschen Buchhandlung (Max Paschke), Berlin SW. 11, Dessauer Str. 13. *(Vormittags 11-1, Dessauer Str. 13.)* 12

39. Dr. Rahts, Professor, Kaiserlicher Regierungsrat und Mitglied des Kaiserlichen Statistischen Amtes, Charlottenburg, Königin-Luise-Str. 17, Amt Charlottenburg 3135. *(Täglich von 4-5 in der Privatwohnung.)* 32

40. Dr. Rohrbach, Berlin-Friedenau, Stierstr. 19, Amt Pfzb. (2281).

41. Dr. v. Seefeld, Geheimer Oberregierungsrat, Vortragender Rat im Ministerium für Handel und Gewerbe, Zehlendorf, Knesebeckstr. 5. *(Im Hochschulgebäude nach der Vorlesung.)* 58

42. Dr. Tiessen, Friedenau, Friedrich-Wilhelm-Platz 6. *(Im Hochschulgebäude nach der Vorlesung.)* 68, 77, 87

43. Dr. Georg Wegener, Professor, Berlin W. 50, Prager Straße 36. *(Im Hochschulgebäude nach den Vorlesungen und vor den Übungen)* 69, 76

44. Dr. Ziegel, Mathematiker bei der Versicherungs-Gesellschaft „Victoria zu Berlin", Wilmersdorf, Berliner Str. 18. *(Im Hochschulgebäude nach den Vorlesungen.)* 19, 20

V. *Außerdem halten Vorlesungen:*

45. Dr. v. Erdberg, Berlin W. 50, Augsburger Str. 61 (Zentralstelle für Volkswohlfahrt), Amt Lzw. 2637. *(Im Hochschulgebäude nach der Vorlesung.)* 37

46. Dr. Gerstner, wissenschaftlicher Direktionsassistent der „Revision", Treuhand-Aktien-Gesellschaft, Charlottenburg, Kantstr. 77, Amt Wilhelm 2996. *(Vor und nach der Vorlesung im Hochschulgebäude Zimmer 103.)* 16

47. J. Hoffmann, Bureaudirektor der Korporation der Kaufmannschaft, Berlin C. 2, Neue Friedrichstr. 51 (Verkehrsbureau, Amt Ztr. 5290). *(Täglich 12-2.)* 52

48. Dr. J. F. Hoffmann, Professor am Institut für Gärungsgewerbe zu Berlin, Nieder-Schönhausen, Kaiser-Wilhelm-Straße 79. *(In der Hochschule nach der Vorlesung.)* 11

Nummern der Vorlesungen.

49. Dr. Jessen, Direktor am Kunstgewerbe-Museum, Berlin SW. 11, Prinz-Albrecht-Str. 7a, Amt Ztr. 2569. *(Im Hochschulgebäude nach der Vorlesung.)* 121

50. Dr. Miethe, Professor, Geheimer Regierungsrat, Halensee, Halberstädter Str. 7, Amt Pfzb. 3558. *(Im Hochschulgebäude nach der Vorlesung.)* 84

51. Dr. Somary, Berlin NW. 23, Klopstockstr. 15, Amt Moabit 5524. *(Nach der Vorlesung im Hochschulgebäude, Zimmer 103.)* 33, 34

52. Dr. Zoepfl, a. o. Professor an der Universität, Geheimer Regierungsrat, Charlottenburg, Derfflingerstr. 24. *(Nach der Vorlesung im Hochschulgebäude.)* 41

VI. Lehrer am Handels-Hochschul-Seminar für fremde Sprachen.

Englisch.

53. Brandenburg, Professor, Oberlehrer, Berlin W. 30, Landshuter Straße 22. *(Im Anschluss an die Übungen im Hochschulgebäude.)* 95, 98

54. Milton Hart, Steglitz, Südendstr. 4. *(Im Hochschulgebäude nach den Übungen; in der Potsdamer Str. 27b, 2. Villa, täglich ausser Sb 6½-8.)* 91-93, 96

55. Dr. Neuendorff, Oberlehrer, Charlottenburg, Bismarckstraße 13. *(Nach den Übungen.)* 94

Dr. Spies (s. Nr. 10).

Französisch.

56. Francillon, Lehrer am Orientalischen Seminar, Charlottenburg 4, Sybelstr. 37. *(Im Anschluss an die Übungen im Hochschulgebäude Zimmer 103.)* 99

57. Maillet, Licencié-ès-lettres und D. E. S. de l'Université de Paris, Wilmersdorf, Pfalzburger Str. 33a. *(Im Anschluss an die Übungen.)* 100, 101, 105

58. Puy-Fourcat, Officier de l'Instruction publique, Lehrer an der Kgl. Militärtechnischen Akademie, Berlin W. 35, Potsdamer Str. 113a. *(Im Anschluss an die Übungen.)* 102, 103

59. Dr. K. Schmidt, Professor, Oberlehrer, Berlin SW. 47, Yorckstr. 68. *(Im Anschluss an die Übungen.)* 104

Nummern der Vorlesungen.

Russisch.

60. Dr. Boehme, Berlin SW. 11, Tempelhofer Ufer 36. *(Nach den Übungen.)* 107, 108

Dr. Palme (s. Nr. 37).

Spanisch.

61. Dr. de Mugica, Lehrer am Orientalischen Seminar, Berlin NW. 52, Wilsnacker Str. 3. *(Vor und nach den Übungen.)* 109, 111

62. de Palacios, Konsul a. D., Steglitz, Mariendorfer Str. 57. *(Nach den Übungen.)* 110

Italienisch.

63. Dr. Stoppani, Berlin W. 10, Dörnbergstr. 5. *(Nach den Übungen.)* 112, 113

Deutsche Sprachkurse für Ausländer:

64. Dr. Paszkowski, Professor, Leiter der Akademischen Auskunftsstelle an der Universität und Lektor der deutschen Sprache daselbst, Direktor des deutschen Instituts für Ausländer (Böttinger-Studienhaus), Berlin NW. 7, Bauhofstr. 7. *(Mo, Do 11-12 in der Universität.)* 114

VII. Lehrer für Stenographie.

65. Coprian, Heinrich, Lehrer, Berlin N. 58, Am Falkplatz 3 (System Stolze-Schrey). *(Vor den Übungen.)* 126, 127

B.

Institute und Seminare.

1. Physikalisches Institut.

(I. Stock links.)

Direktor: Professor Dr. Martens (s. A. Nr. 6).
Assistent: Dr. Moeller, Charlottenburg, Grolmanstr. 58.
Mechaniker: Horch, Lichtenberg, Frankfurter Chaussee 154.

2. Chemisches Institut.

(II. Stock links.)

Direktor: Professor Dr. Binz (s. A. Nr. 1).
Institutsassistenten: Dr. Grünewald, Berlin C. 25, Münzstr. 7.
Dr. Limpach, Charlottenburg 4, Roscherstr. 15.
Privatassistent: Dr. Schädel, Berlin W. 15, Ludwigkirchstr. 12.
Institutsdiener: Köster, Berlin C. 2, Heiligegeistgasse 10-11.

3. Handelswissenschaftliches Seminar.

(Erdgeschoß rechts, Zimmer 3 und 4.)

Direktoren: Professor Dr. Schär (s. A. Nr. 8),
Professor Leitner (s. A. Nr. 5),
Professor Dr. Hellauer (s. A. Nr. 3).
Maschinenschreiberin: Frl. Ziese, Friedenau, Handjerystr. 29.

4. Volkswirtschaftlich-juristisches Seminar.

(I. Stock links, Zimmer 105.)

Direktoren: Professor Dr. Sombart (s. A. Nr. 9),
Professor Dr. Eltzbacher (s. A. Nr. 2).

5. Geographisches Seminar.

(I. Stock rechts, Zimmer 126.)

Direktoren: Professor Dr. Wegener (s. A. Nr. 43).
Dr. Tiessen (s. A. Nr. 42).

6. Seminar für Handelslehrer.

(I. Stock rechts, Zimmer 124.)

Direktor: Geheimer Regierungsrat Dr. Kühne (s. A. Nr. 28).

7. Handels-Hochschul-Seminar für fremde Sprachen.

(I. Stock links, Zimmer 107.)

Direktor: Dr. Spies (s. A. Nr. 10).

8. Astronomisch-geographische Übungsstation.

(Heiligegeiststr. 1, Eckeingang.)

Direktor: Professor Dr. Marcuse (s. A. Nr. 32).
Privatassistent: Ingenieur W. Lindt, Charlottenburg, Eosanderstr. 9.

C.

VERZEICHNIS
der Vorlesungen und Übungen
die im
Winter-Semester 1912/13
an der
Handels-Hochschule Berlin
gehalten werden.

I. Allgemeine Einführung in die Studien.

Dozent:

(1.) Einführung in das Studium an der Handels-Hochschule — *Do 11-12* . . . . Binz

Im ersten Teil des Semesters:

Das Wesen der Hochschulbildung und Ratschläge für Einrichtung des Studienplanes.

(2.) Berlin — *Mi 6-7* . . . . Goldschmidt

Geschichte von Berlin mit besonderer Rücksicht auf die gewerbliche Entwickelung.

II. Handelswissenschaften.

Betriebslehre des Handels und einzelner Handelszweige, Handelsjournalistik.

(3.) Allgemeine Welthandelslehre (Allgem. Handelslehre mit besonderer Berücksichtigung des internationalen Warenhandels) — *Mi 11-1, Do 12-1* . . . . Hellauer

1. Einleitung: Begriff des Handels, Arten des Handels; die Welthandelslehre, ihre Literatur und Quellen.

2. Die Entwickelungsbedingungen des Handels, privatwirtschaftlich betrachtet: Eigenarten und Strebungen der einzelnen Handelsbetriebe, Konkurrenz und Konkurrenzaufhebung,

Der Auditorienzettel erscheint vor Beginn des Semesters.

Dozent:

Preis, Kosten und Konkurrenzfähigkeit der Produktion, Transportdurchführung, Verkehrsbeeinflussung durch öffentliche Körperschaften, Bedarf und Kaufkraft der Abnehmerkreise, Rechtsverhältnisse, Handelsgebräuche, öffentliche Einrichtungen zur Erleichterung des Handelsverkehrs, Informationswesen, gemeinsame Interessenvertretung des Handels.

3. Die Organisation des Handels: a) im allgemeinen (Produzenten- und Konsumentenhandel, Verlagshandel, Gemeinschaftshandel, Groß- u. Kleinhandel, Eigen- und Kommissionshandel; die Herstellung der kommerziellen Verbindung zwischen Verkäufer und Käufer), b) im Exporthandel, c) im Importhandel, d) im öffentlichen Handelsverkehr (Märkte, Auktionen, Einschreibungen, Submissionen, Börsen).

4. Die kommerzielle Technik des Kaufvertrages mit besonderer Berücksichtigung der Handelsgebräuche.

(4.) Allgemeine Betriebslehre (Privatwirtschaftslehre kaufmännischer Betriebe) — *Mi 9-11* . . . Leitner

Systematik. I. Betriebsmittel: Kapital und Vermögen, Kapitalbildung, -Konsumtion, -bedarf. Umsatz. Finanzierung der Unternehmung. Der Kredit, seine Organisation und seine Formen. Individueller, kollektiver und gesetzlicher Kreditschutz, Auskunftswesen, Kreditquellen. Zahlungsmittel und Zahlungsmethoden. Die Gegenstände des Handels, reale und ideelle Waren.

II. Formen der Unternehmung: Die Formen des Gesellschaftshandels, ihre charakteristischen Merkmale in wirtschaftlicher und rechtlicher Beziehung, Personen- und Kapitalvereinigungen.

III. Die Wirtschaftsführung: Der Handel als volkswirtschaftlicher Organismus, Grundlinien seiner Entwickelung, seiner Formen. Erwerbswirtschaften und ihre Ziele. Die Konkurrenz, das Risiko, die Spekulation. Mittel und Psychologie der Reklame. Organisation des Vertriebes, Einkaufs- und Verkaufsgemeinschaften. Der Kauf und seine handelstechnische Gestaltung. Grundzüge der Zoll- und Verkehrstechnik, Zoll- und Frachttarife, Nachrichtendienst, Lagerhauswesen.

(5.) Spezielle Welthandelslehre: Der Handel Europas nebst Ausblicken auf den überseeischen Produktenhandel — *Fr 9-11* . . . . Hellauer

Handelseinrichtungen und Handelsverhältnisse, Organisation und Technik des Handels in den europäischen Ländern mit besonderer Berücksichtigung Deutschlands und der übrigen europäischen Industrie- und Handelsstaaten sowie der Hauptartikel des Welthandels.

(6.) Bank- und Börsenverkehr (mit Berücksichtigung der Rechnungstechnik) — *Do 9-11* . . . . Hellauer

Überblick über die Bankgeschäfte und die Arten der Banken. Börsenwesen im allgemeinen und Geld-, Wechsel- und Effektenbörsen im besonderen. Eingehende Behandlung des Bank- und Börsenverkehrs mit Wechseln, Edelmetallen und Valuten sowie mit Effekten; die in diesen Handelszweigen nach den Handelsgebräuchen der wichtigsten Handelsplätze

Dozent:

des In- und Auslandes sich ergebenden Berechnungen, insbesondere auch die Arbitragerechnungen.

(7.) Die Technik des Bank- und Börsengeschäftes — *Mo 8-9 Abends* . . . . Hellauer

Die Banken und ihre Geschäfte, die Börsen und ihre Geschäfte, Zusammenhang der beiden. Der Wechsel und seine Stellung im Handel, Wechselkreditgeschäfte, speziell das Wechseldiskontgeschäft; der Devisenhandel; der Edelmetall- und Münzhandel. Die Arten der Effekten, der Effektenhandel in Deutschland und im Auslande. Die Abwicklung der Börsentermingeschäfte, Prolongations- und Prämiengeschäfte; der Arbitrageverkehr. Kontokorrent- und Depositenverkehr; die Zahlungsvermittlung der Banken; der Lombardverkehr, die Belehnung offener Buchforderungen, verschiedene Kreditgeschäfte der Banken, das Gründungs- und Emissionsgeschäft.

(8.) Die Bank im Dienste des Kaufmanns — *Di 12-1* Schär

Geschichtliche Entwickelung des Verhältnisses zwischen Bank und Kaufmann. Grundformen der Bankgeschäfte und die Prinzipien der Bankverwaltung. Zusammenstellung der dem Kaufmann geleisteten Bankdienste. Dauernde Geschäftsverbindung zwischen Bank und Kaufmann. Kritische Beleuchtung der Kontokorrentverträge, insbesondere über Zinsfuß, Provision, Valutierung, Abschlußmethoden. Besondere Formen des Kontokorrentverkehrs über Börsengeschäfte. Kalkulation.

(9.) Organisation des kaufmännischen Betriebes in Handel und Industrie und ausgewählte Gebiete aus der Propaganda — *Mi 8-9 Abends* . . Schär

Allgemeine Grundsätze über die Organisation der Arbeit und der Mittel im kaufmännischen Betrieb. Das moderne Kontor. Die kapitalistische und die genossenschaftliche Richtung in der Gesamtorganisation. Organisation der Einzelbetriebe. Direktoriale und kollegiale Leitung. Die departementale Gliederung. Der innere Dienst. Der äußere Dienst, insbesondere der Ein- und Verkauf. Anpassung der Organisation an gegebene Verhältnisse, Kräfte und Mittel. Allgemeine und besondere Arbeitsordnungen. Kontrolle. Monographien aus der Organisation einzelner größerer Unternehmungen (Warenhaus, Großeinkaufsgenossenschaften, Fabriken, Reedereien usw.). Hauptformen der Propaganda und ihre Organisation.

(10.) Handelsjournalistik und wirtschaftliche Berichterstattung — *Mo 6-7* . . . . Norden

Einleitung. Aus der Geschichte des Zeitungswesens. Definition. Der Nutzen einer objektiven Berichterstattung und Kritik. Kaufmannschaft und Presse. Die Kunst der Schriftstellerei (äußere und innere Erfordernisse; die Regeln eines guten Stils; Typographisch-technisches). Das Redigieren (Bearbeitung von Telegrammen und sonstigen Manuskripten mit Übungen). Erstattung von Referaten mit Übungen. Berichte kaufmännischer Korporationen, Marktberichte der Kaufleute (sachliche und stilistische Erfordernisse). Die Pflichtberichterstattung der Aktiengesellschaften. Ethik und Polemik.

Der Auditorienzettel erscheint vor Beginn des Semesters.

Dozent:

Einzelne Handelszweige.

Getreide. (11.) Getreidebehandlung und Getreideverwertung — *Mo 8-9 Abends* . . . . J.F.Hoffmann

1. Wie lagert und behandelt man Getreide zur Erlangung und Erhaltung eines möglichst hohen Gebrauchs- und Verkaufswertes? Abhängigkeit dieses Wertes vom physiologischen Zustande des Getreides und von seinen äußeren Eigenschaften einschließlich den beigemengten Verunreinigungen. Beispiele, welche an Beobachtungen in der Praxis anknüpfen. Die maßgebende Beteiligung der Luftfeuchtigkeit und des Wassergehaltes im Getreide an dem Zustande des Getreidekornes. Erfahrungen in landwirtschaftlichen und kaufmännischen Kornhäusern, in Brauereien, Mühlen und Proviantämtern. Vorschriften für die Getreidebehandlung. Die häufigsten Getreideschädlinge. Vertilgung derselben.

2. Der Handel nach Gehalt, insbesondere nach Trockensubstanz. Allgemeine Bonitierung.

3. Die einzelnen Speichersysteme. — Die maschinelle Einrichtung. — Die Getreidetrocknung. — Das Getreidetransportwesen.

4. Getreideverwertung. — Müllerei. — Bäckerei. — Brauerei usw.

Buchhandel. (12.) Der Vertrieb der Bücher (Die Reklame im Buchhandel) — *Do 9-10 Abends* . . . . Paschke

Das Buch als Ware. — Die geschichtliche Entwicklung des Büchervertriebes in Deutschland. — Die wirtschaftlichen Grundlagen des Konditionssystems und sein Einfluß auf die Verbreitung der Literatur. — Allgemeines über Vertriebsmaßnahmen und das Wesen der Reklame. — Die Vertriebsmaßnahmen des Buchhandels (Verlag, Sortiment, Antiquariat). Der Büchervertrieb durch Kolportage- und Reisebuchhandel.

Bank- und Börsenhandel *vgl. die einzelnen Abschnitte dieser Abteilung sowie Abt. III und IV.*

Export-geschäfte *siehe unter „Handelswissenschaftliches Seminar“.*

Andere Geschäfts-zweige. *Ferner finden sich Vorlesungen über Gegenstände einzelner Handels- und Industriezweige in anderen Abteilungen, so über Kolonialhandel und Versicherungsgeschäft in Abt. III, über Eisenbahnen und andere mit dem Speditionsgewerbe zusammenhängende Gegenstände in Abt. III und IV, über Metall- und Elektrizitätsgewerbe, chemische Industrie usw. in Abt. VI, über Kunstgewerbe in Abt. IX.*

Über die zu Ende des Winter- und zu Anfang des Sommersemesters in der Aula der Handels-Hochschule stattfindenden »Gewerblichen Einzelvorträge« von Vertretern der Praxis aus Handel und Industrie wird ein besonderer Prospekt ausgegeben.

(A) vor Übungen = „Aufnahme vorher bei dem Dozenten nachzusuchen“.

Dozent:

Buchhaltung.

(13.) Theorie und Technik der Buchhaltung (Allgemeine Buchhaltungslehre) — *Fr 11-1* . . . . . Leitner

Einleitung. Aufgaben der Buchhaltung. Inventarium und Bilanz, Gründungs- und Schlußbilanz. Vermögensänderungen und ihre Aufzeichnung. Das Konto. Wesen der Verwaltungs- (kameralistischen) und Bestands- (einfachen) Buchführung. Wertveränderungen des Kapitals, Erfolgsbuchführung. Wesen und Technik der doppelten Buchhaltung.

Kontensysteme und Kontentheorien. Kontenschemata für verschiedene Zweige des Handels und der Industrie. Rechtliche und wirtschaftliche Leistungen der Doppik. Gründung, Geschäftsbetrieb und Abschlußtechnik. Alte und neue Formen der Doppelbuchhaltung.

Besondere Fälle: Geheimbuchführung, Abschluß bei Handelsgesellschaften, transitorische Buchungen, Filiale und Zentrale usw.

(14.) Bilanzkunde — *Do 9-11* . . . . Leitner

Inventur, Inventar und Bilanz. Gründungsbilanz und -technik. Abschlußtechnik. Schlußbilanzen. Vermögens- und Ertragsbilanzen, ihr rechtlicher und wirtschaftlicher Inhalt. Bilanzen der Einzelkaufleute, der Personal- und Kapitalgesellschaften. Reserven. Bewertung der Bilanzposten, unechte und stille Reserven, Abschreibungen. Betriebsrechnung und Ertragsbilanz. Gewinnverteilung und Erfolgsregulierungsposten. Die Bilanz als Grundlage der Steuerbemessung. Zwischen-, Konkurs-, Liquidationsbilanzen; Bilanzdelikte (Fälschung, Verschleierung).

Technik der Sanierung, Fusion und Revision.

(15.) Buchhaltung für Verwaltungsbeamte, Juristen usw. — *Do 8-9 Abends* . . . . Leitner

Die Rechnungsführung von Aufwands- und Erwerbswirtschaften im allgemeinen. Die kaufmännische Buchhaltung. Verrechnung der Bestände; Inventar. Konten. Das System der doppelten Buchhaltung. Kontenabschluß. Wichtige Konten kommerzieller Betriebe. Gründungs- und Schlußbilanzen.

(16.) (4) Einführung in die Buchhaltung mit Übungen (Vorbereitungskurs für Studierende ohne Vorkenntnisse) — *Mo 9-10, Sb 8-10 Vorm.* . . . Gerstner

Wesen der Buchhaltung und ihre Beziehungen zu Wirtschaft und Recht. Das Inventar. Die Kassen-, Personen- und Warenrechnung. Die Handelsbücher und die Konten. Die Vermögensrechnung und die Erfolgsrechnung und ihre buchhalterische Erfassung. Die Anwendung der Grundsätze ordnungsmäßiger Buchführung nach den Regeln der doppelten Buchführung, veranschaulicht an kurzen, typischen Beispielen und Geschäftsgängen mit jeweiligem Abschluß. Die Technik der Bilanzierung.

Jeweilige Übung des behandelten Stoffes an Hand von Aufgaben. Die 3. Stunde gilt teilweise als Übungsstunde.

Dozent:

(17.) Buchhaltungsseminar — *Fr 11-1* . . . . . Schär

Besprechungen, Übungen, Repetitorien aus dem gesamten Gebiete der Buchhaltung, insbesondere: Schwierigere Fälle bei Eröffnung der Buchhaltung (Eingangsbilanzen bei Neugründungen, Fusion, Umwandlung). Kritik der verschiedenen Buchhaltungsformen; Einrichtung zweckmäßiger Buchhaltungen für verschiedene Arten und Größen der kaufmännischen Unternehmungen. Kontensysteme und Kontengruppierung. Rechtsfragen aus dem Gebiete der Buchhaltung. Bücherrevision. Fälschungen. Treuhänder. Einzelne schwierige Fälle und Probleme der Buchhaltung. Statistische und kalkulatorische Verwendung der Buchhaltungsergebnisse. Organisation der Buchhaltung mit monatlicher Berechnung von Gewinn und Verlust. Buchhaltung für Zweiggeschäfte. Zwischenbilanzen. Analysen von Bilanzen usw.

Kaufmännische Arithmetik usw.

(18.) Kaufmännische und industrielle Kalkulation — *Di 9-11* . . . . Schär

Elemente u. Methoden der Kalkulation. Kritische Untersuchung von Kalkulationen aus kaufmännischen und industriellen Betrieben. Kaufmännische Kalkulationen. Industrielle Kalkulationen. Kalkulatorische Bearbeitung der Bilanzen usw.

(19.) Zinseszins- u. Rentenrechnung — *Di 5-7* (14tägig, beginnend am 29. Oktober) . . . . Ziegel

Zinseszins-, Diskont- und Rentenfaktoren. Lösung der hauptsächlichsten Aufgaben an der Hand von Tabellen. Aufstellung von Tilgungsplänen für Hypothekar-Darlehen mit gleichbleibenden und steigenden Annuitäten. Tilgung von Obligationen mit und ohne Agio. Berechnung von Anleihekursen, Rentabilitätswerten und Kursparitäten.

(20.) Die mathematischen Grundlagen der Rechnungen im Bankgeschäft — *Di 5-7* (14tägig, beginnend am 5. November) . . . . Ziegel

Herleitung der Zinsen- und der Zinseszinsformel. Berechnung der Zinsen im Kontokorrentverkehr. Mathematischer und kaufmännischer Diskont. Berechnung von Zeitrenten (Annuitäten). Tilgungsgleichung der Anleihen. Aufstellung und Erörterung des Tilgungsplans. Konvertierung einer Anleihe. Berechnung von Kurs- und Rentabilitätswerten.

Seminar.

(21.) (*A*) Handelswissenschaftliches Seminar (Seminar für Welthandelslehre) — *Mo 4-6* . . . . . Hellauer

Systematische Erweiterung und Vertiefung des Einblickes in das Gebiet der Welthandelslehre durch kurze Referate und daran anschließende Diskussionen über einzelne Probleme, wobei Mitteilungen und Artikel der Tages- und Fachpresse sowie neuere Bücherscheinungen berücksichtigt werden sollen. Kontortechnisch-praktische Übungen einschließlich Paritätsberechnungen und Kalkulationen über Geschäftsfälle des Welthandels. Anleitungen zu wissenschaftlichen Arbeiten; Vorträge und Diskussionen über dieselben.

(A) vor Übungen = „Aufnahme vorher bei dem Dozenten nachzusuchen".

Dozent:

(22.) ([4]) Handelswissenschaftliches Seminar . . . . Leitner

I. Privatwirtschaftl. Übungen (Seminar I) — *Do 6-8*

a) Abteilung für Bankkaufleute, } abwechselnd 14tägig
b) Abteilung für Waren- u. Industriekaufleute }

II. Handelswissenschaftliches Seminar (II) für Vorgerückte — *Di 9-10 Vorm.*

Referate über größere privatwirtschaftliche Arbeiten, Diskussionen usw.

(23.) Handelswissenschaftliches Seminar — *Mi 9-11* . Schär

Übungen, Vorträge, Disputationen, Repetitorien aus dem gesamten Gebiete der allgemeinen und praktischen Handelsbetriebslehre; Besprechung einschlägiger Zeit- und Streitfragen, sowie der neuen Literatur. Anleitung zu wirtschaftlichen Arbeiten. Laufende Erhebungen über einzelne Erscheinungen aus dem Waren- und Kapitalmarkt usw.

(24.) Exportkolloquium — *Do 6-7* . . . . Hecht

Kolloquium über die Organisation und Technik der Exportgeschäfte und das Verhältnis des Exporthandels zur Industrie.

III. Volkswirtschaftslehre und verwandte Fächer.

Vgl. auch Abt. IV. — Wirtschaftsgeschichte vgl. auch Abt. V und IX.

(25.) Allgemeine Nationalökonomie — *Di, Fr 9-11* . Jastrow

Einleitung: Vorläufige Begriffserklärung. Vorläufige historische Übersicht. Hilfsmittel für das Studium.

Produktion: Faktoren der Produktion (Boden, Arbeit, Kapital). — Organisation der Produktion (Zusammenfassung der drei Produktionsfaktoren; insbesondere von Arbeit und Kapital. Unternehmungsformen. Betriebsformen). — Verteilung: Elementartatsachen des Verteilungsprozesses (Tausch, Preis, Geld, Wert, Kredit. — Vermögen, Ertrag, Einkommen). — Die Verteilungszweige (Unternehmergewinn, Bodenrente, Kapitalzins, Arbeitslohn). — Verteilungskämpfe — Konsumtion: Gegenstände, Grundsätze und Organisation der Konsumtion. — Gleichgewicht. — Krisen.

Anhang und Schluß: Geschichte der Theorien. — Systematische Wiederholung der hauptsächlichsten Begriffserklärungen. — Ausblick auf verwandte Gebiete. — Winke für das weitere Studium.

(26.) Spezielle Nationalökonomie — *Mi, Do 11-1*. . Sombart

1. Handel und Verkehr. 2. Gewerbe: a) die Entwickelungstendenzen des gewerblichen Kapitalismus; b) Kapitalismus und Handwerk. 3. Landwirtschaft; a) ihre Sonderstellung in der Verkehrswirtschaft; b) die Tendenzen der agrarischen Entwickelung. 4. Die Entwickelung der internationalen Wirtschaftsbeziehungen. 5. Die Arbeiterfrage.

Der Auditorienzettel erscheint vor Beginn des Semesters.

Dozent:

(27.) Handelspolitik — *Mi 9-10 Abends* . . . . . Jastrow

Handelspolitik im weiteren Sinne — im engeren Sinne: auswärtige Handelspolitik (Zollpolitik). — Geschichte der praktischen Handelspolitik und der handelspolitischen Theorien in England, Frankreich, Deutschland usw. — Die Lehre von der sogenannten Handelsbilanz. — Die Prinzipienfrage: Schutzzoll und Freihandel. — Die hauptsächlichsten Fragen der heutigen Handelspolitik: Autonome Zollgesetzgebung und Handelsverträge; Tarifverträge und Meistbegünstigung; Freihäfen, Veredelungsverkehr usw.; Exportprämien. — Übersicht über die handelspolitischen Beziehungen Deutschlands zu den hauptsächlichsten Ländern Europas und Amerikas.

(28.) Aus der Geschichte der menschlichen Wirtschaft — *Di 8-9 Abends* . . . . Sombart

Sinn und Bedeutung wirtschaftsgeschichtlicher Vorlesungen. — Die Anfänge der menschlichen Wirtschaft — Die Wirtschaft der europäischen Völker während des Mittelalters: Dorfwirtschaft; Frohnhofwirtschaft; Stadtwirtschaft. — Die Anfänge des modernen Kapitalismus.

(29.) Finanzwissenschaft — *Mo 10-12, Sb 10-11* . . Preuß

Die Entwickelung der Finanzwissenschaft und der Finanzsysteme. — Die Wirtschaft der politischen Gemeinwesen. — Das Budget. — Einnahme und Ausgabe. — Das Einnahmesystem. — Ordentliche und außerordentliche Einnahmen. — Verwaltungs- und Finanzvermögen. — Öffentliche Betriebe. — Monopole. — Gebühren. — Steuern. — Prinzipien der Besteuerung. — Einteilung und Arten der Steuern. — Das System der Reichssteuern. — Die preußischen Staatssteuern. — Die Kommunalsteuern in Preußen. — Vergleichender Überblick. — Die öffentlichen Anleihen und Schulden. — Das Ausgabensystem. — Ordentliche und außerordentliche Ausgaben. — Die Finanzkontrollen und das Finanzrecht.

(30.) Die volkswirtschaftlichen Grundlagen Nordamerikas — *Mi 6-7* . . . . Kuczynski

Mexiko, Vereinigte Staaten, Canada: 1. Wirtschaftsgeschichtlicher Überblick. 2. Das Gebiet. 3. Die Bevölkerung (soziale und berufliche Gliederung, Rassenfragen, Einwanderungspolitik). 4. Die Urproduktion (Landwirtschaft, Viehzucht, Bergbau). 5. Industrie. 6. Handel (auswärtiger Handel, Bankwesen, Versicherungswesen). 7. Verkehr (Eisenbahnen, Schiffahrt, Post). 8. Finanzen. 9. Lebenshaltung der Bevölkerung.

(31.) Die moderne Großstadt — *Mi 7-8* . . . . . Kuczynski

1. Der moderne Großstädter. 2. Die Großstadt als Wohnzentrum (Grund und Boden, Städtebau, Wohnungswesen). 3. Die Großstadt als Wirtschaftszentrum (Gewerbe, Handel). 4. Großstädtisches Verkehrswesen. 5. Großstädtische Verwaltung (Fürsorge für das körperliche, geistige und wirtschaftliche Leben).

(32.) Wirtschaftsstatistik — *Do 6-7* . . . . Rahts

Art der Veranstaltung von allgemeinen Berufs- und Betriebszählungen. Ergebnisse der letzten deutschen Berufs-

Dozent:

und Betriebszählung im Jahre 1907 und Vergleich dieser Ergebnisse mit denen der Zählungen von 1882 und 1895. Die erwerbende und nicht erwerbende Bevölkerung. Die Verteilung auf die einzelnen Berufsarten. Die soziale Stellung der Bevölkerung. Gewerbebetriebe und gewerbliches Personal. Größe der Betriebe. Arbeitsstellung des Gewerbepersonals. Gewerbliche Benutzung von Motoren und Arbeitsmaschinen. Unternehmungsformen der Gewerbebetriebe.

(33.) Bankpolitik — *Di 9-10 Abends* . . . . . . Somary

Die Politik der Notenbanken: Goldpolitik, Diskontpolitik, Goldzentralisation und Dezentralisation.

Die Politik der Kreditbanken: Heranziehung von Einlagen; Art der Verwendung auf dem Geldmarkt: private Diskont-, Lombard- und Reportpolitik. Bilanzvergleichung der führenden deutschen, französischen und englischen Banken.

Eingreifen der Banken in die Zirkulation, den Produktionsprozeß, die Einkommensbildung. Beziehung zwischen Banken und Industrie.

(34.) (A) Bankseminar — *Mi 7-9 Abends* (14tägig) . Somary

Gruppenthemen,

für Vorgeschrittene: 1. Die Bewegung des Diskont. Die Zinsbewegungen seit 1815. Zusammenhänge zwischen Diskont, Zins, Unternehmergewinn; zwischen Unternehmergewinn und Rentabilität. 2. Untersuchung der Kursbewegung der führenden deutschen Aktien in den Konjunkturperioden. Dividendenpolitik, Zeitpunkt der Emissionen. Berechnung der Rente, welche sich auf Grund der Emissionskurse ergibt. 3. Die Trustfinanzierung. Anfangsbilanzen. Emissionskurse. Seitherige Kursbewegung der Trustwerte (es werden lediglich die führenden amerikanischen Trusts behandelt);

für Anfänger: 1. Der Rückgang des Wechsels in England. Das Vordringen des Bankakzepts in Deutschland, der promissory note in den Vereinigten Staaten. Die Wirkung dieser Erscheinung auf Geldmarkt, speziell Effektenkredit und auf die Notenbank. 2. Auswärtige Kapitalanlagen. Statistik für Deutschland, England, Frankreich. Die Wirkung auf die Gläubiger- und die Wirkung auf die Schuldnerreiche. 3. Währungsreform in den Vereinigten Staaten. 4. Sonderthemen für Juristen. Die Verträge des Finanzgeschäfts (Gründungs-, Fusions-, Sanierungs-, Patentverträge).

(35.) Wirtschaftliche Interessen — *Mi 9-10 Vorm.* . Kriele

I. Privatwirtschaftliche und volkswirtschaftliche Interessen der Unternehmung (Einzelunternehmung, Gesellschaftsunternehmung; Großbetrieb, Kleinbetrieb; Arbeitgeber und Arbeitnehmer) und der Erwerbsgruppen (Landwirtschaft, Handwerk, Industrie, Handel, Verkehrswesen). Geltendmachung (Vertretung) von Interessen im wirtschaftspolitischen Kampfe.

II. Gesetzlich anerkannte Vertretungen und freie Vereine in Deutschland. a) Landwirtschaft (Landwirtschaftskammern, Deutsche Landwirtschaftsgesellschaft, Bund der Landwirte usw.) und Handwerk (Handwerkskammern, freie Vereine). b) Handel und Industrie (Handelskammern und kaufmännische Korporationen in Deutschland, England, Frankreich, Österreich; Detaillistenkammern). c) Freie Vereinigungen von Kaufleuten und von Industriellen (allgemeine

Dozent:

Vereine, Branchenvereine; Deutscher Handelstag, Zentralverband deutscher Industrieller, usw.). d) Interessenvertretungen von kaufmännischen und technischen Angestellten und von Arbeitern. — Deutsche Interessenvertretungen im Auslande; Handelssachverständige bei Konsulaten.

(36.) (A) Wirtschaftspolitische Übungen — *Di 5-7* . Kriele

Einleitende Vorlesung über: Die geistige Arbeit mit sprachlichem Ausdruck. — Seminaristische Übungen zur gutachtlichen und verwaltenden Tätigkeit der Interessenvertretungen. Darstellung und Geltendmachung von Interessen.

(37.) Die Wohlfahrtspflege als Faktor des wirtschaftlichen Lebens — *Mo 7-8* . . . . v. Erdberg

Nach einer kurzen theoretischen Einleitung sollen die Hauptgebiete der Wohlfahrtspflege unter besonderer Berücksichtigung ihrer Bedeutung für das wirtschaftliche Leben behandelt werden, ausgenommen die öffentliche Gesundheitspflege. Im einzelnen werden behandelt werden: I. Materielle Fürsorge: u. a. Arbeitslosenversicherung und Arbeitsnachweis. Genossenschaftswesen. Wohnungswesen. II. Sittliche und geistige Fürsorge: u. a. Jugendpflege und die allgemeinen Fragen des freien Volksbildungswesens und der Berufsausbildung (kaufmännisches Lehrlingswesen). Mit den Vorträgen werden Besichtigungen hervorragender sozialer Einrichtungen in Groß-Berlin verbunden sein.

(38.) (A) Volkswirtschaftliche Übungen. . . . . . . Jastrow

a) Übungen im Volkswirtschaftlichen Seminar, im Anschluß an »Textbücher, Band 2: Arbeiterschutz (Berlin, G. Reimer, 1912)« — *Fr 3-5.*

b) Kolloquium über wirtschaftliche Tagesfragen, in noch zu bestimmenden Stunden.

Neuanmeldungen finden nur zu a) statt und haben zur Voraussetzung, daß die volkswirtschaftlichen Hauptvorlesungen mit Erfolg gehört sind.

(39.) (A) Übungen im Volkswirtschaftlichen Seminar — *Mi 4-6* . . . . Sombart

Kolonialwesen.

(Buchhaltung usw. für Kolonialbeamte s. Abt. II. — Ortsbestimmung in Kolonien s. Abt. V.)

(40.) Entstehung und Verfassung der modernen Kolonialreiche — *Mo 10-11* . . . . Köbner

Die Entstehung der fremden Kolonialreiche der Gegenwart. Rückblick auf die Kolonisation im Altertum und Mittelalter. Das Zeitalter der Entdeckungen. Die Kolonialpolitik der Hauptnationen bis zum Wiener Frieden (1815). Die Kolonialpolitik im 19. und 20. Jahrhundert: England, Frankreich, Niederlande, Belgien, Spanien, Portugal, Italien, Vereinigte Staaten von Amerika, Rußland, Japan.

(A) vor Übungen = „Aufnahme vorher bei dem Dozenten nachzusuchen".

Dozent:

Die Entstehung des deutschen Kolonialreiches. Vorläufer. Die kolonialen Erwerbungen der ersten Periode: Deutsch-Südwestafrika. Kamerun. Togo. Deutsch-Ostafrika. Deutsch-Neuguinea Marschall-, Brown- und Providence-Inseln. Die kolonialen Erwerbungen der zweiten Periode: Kiautschougebiet. Karolinen, Palau und Marianen. Samoainseln.

Die Verfassung der modernen Kolonien. Die Grundlagen der deutschen Kolonialverfassung. Die Ausbildung des deutschen kolonialen Staatsrechts im einzelnen. Das Verhältnis der mutterländischen Staatsgewalt zur Selbstverwaltung der Kolonien. Vergleiche mit der englischen, holländischen und französischen Kolonialverfassung. Der moderne Imperialismus und seine Probleme.

(41.) Kolonialpolitik — *Fr 8-9 Abends* . . . . . Zoepfl

1. Einführung; Wesen und Arten der Kolonien; Zweck und Wert der Kolonien und der Kolonialpolitik; Theorien und politische Parteien; Literatur.
2. Allgemeine Voraussetzungen der Kolonisation und allgemeine Aufgaben der Kolonialpolitik.
3. Koloniale Verwaltungspolitik; Staats- und völkerrechtliche Stellung der Kolonien; Verwaltung durch privilegierte Gesellschaften; staatliche Verwaltung nach den Grundsätzen der Unterwerfung, der Selbstverwaltung und der Angliederung an das Mutterland; Organisation der Zentral- und Lokalverwaltungen; einzelne Aufgaben der Verwaltung.
4. Koloniale Wirtschaftspolitik; Geld- und Kreditwesen, Währungs- und Bankpolitik; Verkehrspolitik; Produktions- und Handelspolitik.
5. Koloniale Finanzpolitik.

(42.) Völkerkunde der deutschen Schutzgebiete (mit Lichtbildern) — *Mo 8-9 Abends* . . . . . v. Luschan

Allgemeine Eigenschaften der „Naturvölker"; es gibt keine „Wilden". Praktischer Wert der Völkerkunde.

Buschmänner, Hottentotten, Herero, Ovambo. Swahili, Bedeutung des Islâm in den afrikanischen Schutzgebieten. Bantu, Hamiten, westliche Sudân-Völker.

Allgemeines über die Ozeanier. Polynesier, Melanesier, Papua, Mikronesier. Samoa, Mythologie, Kosmogonie. Neuguinea, Bismarck-Archipel, Salomo-Inseln. Karolinen, Marianen, Marschall-Inseln und Nauru.

Versicherungslehre.

(43.) Allgemeine Versicherungslehre — *Di 11-1* . . Manes

Die wirtschaftlichen, rechtlichen und technischen Grundlagen des gesamten Versicherungswesens mit besonderer Berücksichtigung der Privatversicherung. Begriff und Wesen, Voraussetzungen und Grenzen, Entwickelung, Bedeutung und Statistik der Versicherung. Ihre Organisationsformen und Betriebsmethoden. Die Probleme der Versicherungspolitik: Staatsaufsicht, Besteuerung, Vertragsrecht. Die Versicherungsliteratur.

Der Auditorienzettel erscheint vor Beginn des Semesters.

Dozent:

(44.) Besondere Versicherungslehre — *Mi 7-9* . . v. Liebig

Transport-, Feuer-, Lebens-, Unfall- und Haftpflichtversicherung usw. — Geschichtliche Entwickelung und gegenwärtiger Stand jedes einzelnen Versicherungszweiges. — Zweck und Gegenstand. — Die einzelnen Versicherungsarten. — Technik. — Verbände. — Statistik.

(45.) Versicherungs-Verwaltungsrecht — *Mo 7-8* . . Hager

Die Stellungnahme des Staates gegenüber dem Versicherungswesen. — Der Begriff der privaten Versicherungsunternehmung. — Die Zulassung zum Geschäftsbetriebe, der Geschäftsplan, die laufende Aufsicht, die Untersagung des Geschäftsbetriebs. — Die Aufsichtsbehörden. — Besonderheiten der Lebensversicherung (Bedeutung der Prämienreserve, der Prämienreservefonds, des Prämienreserve-Registers). — Die Behandlung ausländischer Versicherungsanstalten.

(46.) Die sozialpolitische Versicherung der Arbeiter und der Angestellten — *Do 12-1* . . . . Manes

Entwickelung, Organisation und Technik der Sozialversicherung. Ihre Bedeutung für die Privat- und die Volkswirtschaft. Die einzelnen Zweige: Kranken-, Unfall-, Invaliden-, Alters- und Hinterbliebenenversicherung nach der Reichsversicherungsordnung. Das Versicherungsgesetz für Angestellte. Das Wichtigste aus der Sozialversicherung des Auslands.

(47.) Versicherungsrechnung — *Mo 4-6* . . . . . v. Bortkiewicz

Der Zins und die Sterblichkeitstafel als die beiden Rechnungsgrundlagen der Lebensversicherung. — Die Prämien und Prämienreserven bei der Leibrentenversicherung, der Kapitalversicherung auf Erlebens- und auf Todesfall usw. — Die Bilanz und das Gewinn- und Verlustkonto einer Lebensversicherungsanstalt.

(48.) Versicherungspraktikum mit besonderer Berücksichtigung der privaten Feuerversicherung — *Do 7-9* (14tägig, beginnend am 31. Oktober) v. Liebig

Besprechung der allgemeinen Versicherungsbedingungen. — Aufnahme von Versicherungsanträgen. — Beurteilung der Risiken. — Schadenregulierung. — Besprechung von Bilanzen.

(49.) Konversatorium über die Versicherung im Dienste des Kaufmanns (Versicherungs-Übungen, auch für Anfänger) — *Do 11-12* . . . . . . Manes

Besprechung wichtiger Fragen aus dem Gesamtgebiet des privaten und des sozialen Versicherungswesens. — Praktische Ratschläge für die Nutzanwendung der einzelnen Versicherungszweige in Handel und Industrie. — Eventuell Besichtigungen.

Genossenschaftslehre.

(50.) Das deutsche Genossenschaftsgesetz — *Fr 5-6* Crüger

Geschichte der Genossenschaftsgesetzgebung. Das Genossenschaftsgesetz im Rahmen des deutschen Gesellschaftsrechts. Erläuterungen der wichtigsten Abschnitte. (Gründung

(A) vor Übungen = „Aufnahme vorher bei dem Dozenten nachzusuchen".

Dozent:

der Genossenschaft. Erwerb und Verlust der Mitgliedschaft. Haftpflicht und Haftvollzug. Vermögensbildung. Folgen der Besonderheit des Genossenschaftsgesetzes für die Praxis, Revision usw.)

(51.) ([A]) Übungen in der Genossenschaftslehre — *Fr 6-8* . . . . Crüger

Die Übungen sind eine Ergänzung zu den Vorlesungen. Die Teilnehmer haben Vorträge über Einzelfragen aus dem Gebiete des Genossenschaftswesens zu halten.

Eisenbahnverkehr.

Vorträge mit ziffermäßigen Erläuterungen und praktischen Übungen.

(52.) Eisenbahnverkehrs- und Tarifwesen — *Mi 8-9 Abends* . . . . J. Hoffmann

Geschichtlicher Rückblick auf die Entstehung der deutschen Eisenbahnen. (Privatbahnen, Staatsbahnen, Reichsbahnen.) Die Betriebsmittel der Eisenbahnen (Staatsbahn-Wagenverband pp.). Organisation der deutschen Eisenbahnverwaltungen. — Das deutsche Eisenbahn-Gütertarifsystem, seine Entstehung und Fortbildung bis in die neueste Zeit (formelle Einheit). — Ständige Tarifkommission, Ausschuß der Verkehrsinteressenten. — Ziffermäßige Gestaltung der Gütertarife, regelrechte Kilometertarife, Stationstarife, Schnittarife, Staffeltarife (materielle Einheit). — Ausnahmetarife, Differentialtarife. — Landeseisenbahnrat, Bezirkseisenbahnräte. — Die wichtigeren Bestimmungen der Eisenbahnverkehrsordnung über die Beförderung von Gütern. Im Anschluß hieran die für den Eisenbahnverkehr in Betracht kommenden wichtigeren zoll- und steuergesetzlichen Bestimmungen, sowie die im Verwaltungswege hierzu erlassenen Vorschriften (Deklaration, Begleitschein I, Begleitschein II, Ladungsverzeichnis, Übergangsschein, An- und Abmeldung zu und von den Niederlagen, Zollbefreiungen, Zollerleichterungen usw.). — Eisenbahngeographie. Der deutsche Eisenbahngütertarif (Teil I). — Die deutschen allgemeinen Tarifvorschriften nebst Güterklassifikation. — Die deutschen Binnen- und Verbandstarife und ihre praktische Anwendung. — Frachtberechnung, Nebengebühren, Frachtzuschläge. — Frachturkundenstempel. — Internationales Übereinkommen über den Eisenbahnfrachtverkehr. — Direkte beziehungsweise Verbandsgütertarife für den Verkehr zwischen deutschen und ausländischen Stationen. — Kombinierte Eisenbahn-Schiffstarife usw.

IV. Rechtswissenschaft.

(Versicherungsrecht, Kolonialrecht, Genossenschaftsrecht s. Abt. III.)

(53.) Bürgerliches Recht — *Mo 10-12, Sb 10-11* . . Eltzbacher

Allgemeine Lehren. — Grundeigentum, Hypothek, Grundschuld. — Eigentum an beweglichen Sachen, Pfandrecht. — Kauf, Miete, Dienstverhältnis, Gesellschaft und sonstige Rechtsverhältnisse des Geschäftsverkehrs. — Schadenersatzpflicht wegen unerlaubter Handlungen, Haftpflicht. — Ehe,

Dozent:

insbesondere eheliches Güterrecht. — Elterliche Gewalt und Vormundschaft. — Gesetzliche Erbfolge und Testament, Rechtsstellung und Auseinandersetzung der Erben.

(54.) Grundstücksrecht — *Di 7-8* . . . . Heilfron

a) Grundbuchwesen.

Erwerb, Veräußerung und Belastung der Grundstücke. Hypothekenwesen. Formelles Grundbuchrecht unter Zugrundelegung des amtlichen Grundbuchformulars. Katasterwesen.

b) Zwangsvollstreckung in Grundstücke.

Zwangsversteigerung, Zwangsverwaltung, Zwangseintragung. Das Reichsgesetz zur Sicherung der Bauforderungen.

c) Kosten und Stempelwesen.

Das Zuwachssteuergesetz.

(55.) Wechselrecht — *Mi 6-7*. . . . . Meyer

Geschichte des Wechsels. — Bestimmungen der deutschen Wechselordnung. — Ausländische Wechselrechte, ihre Grundzüge und wesentlichen Abweichungen vom deutschen Recht. — Internationales Wechselrecht. — Weltwechselrecht. — Wirtschaftliche Bedeutung des Wechsels.

(56.) Handelsrecht — *Di 5-7, Fr 6-7* . . . . . Heilfron

1. Handelsstand: Voll- und Minderkaufleute. — Register- und Firmenwesen. — Das Personal des Kaufmanns (Rechtsstellung der Prokuristen, Reisenden, Handlungsbevollmächtigten, -gehilfen, -lehrlinge). — Handlungsagenten und Handelsmäkler.

2. Handelsgesellschaften: Offene Handelsgesellschaft. — Kommanditgesellschaft. — Aktiengesellschaft. — Kommanditgesellschaft auf Aktien. — Stille Gesellschaft. — Gesellschaft mit beschränkter Haftung.

3. Handelsgeschäfte: Kauf-, Kommissions-, Speditions-, Lager-, Frachtgeschäft.

4. Schiffahrtsrecht: Grundzüge des See- und Binnenschiffahrtsrechts.

5. Praktische Anleitung: Zum Entwerfen von Registeranmeldungen, Anstellungs-, Gesellschafts-, Lieferungsverträgen usw.

(57.) Handelsrecht im Weltverkehr — *Mi 7-8* . . . Meyer

Handelsgeschäfte (Handelskauf, Spedition, Kommission, Frachtgeschäft, und die Handelsgesellschaften (Offene Handelsgesellschaften, Kommandit- und Aktien-Gesellschaften) nach den Gesetzen der wichtigsten außerdeutschen Staaten, wie Frankreich, Groß-Britannien, Italien, Rußland und die Vereinigten Staaten von Amerika.

Die allgemeine Charakteristik der Handelsrechte sämtlicher Kulturstaaten in ihrer Bedeutung für den Weltverkehr unter Berücksichtigung der Import- und Exportverhältnisse der betreffenden Staaten. Der Begriff des Kaufmanns der Handelsgeschäfte und der Handelsgesellschaften nach den wichtigsten außerdeutschen Staaten im Vergleich zum deutschen Recht.

(A) vor Übungen = „Aufnahme vorher bei dem Dozenten nachzusuchen".

Dozent:

(58). Reichsgewerbeordnung — *Sb 9-10 Vorm.* . . . v. Seefeld

Entwickelung der Gewerbefreiheit in Deutschland, Entstehung und Geschichte der Reichsgewerbeordnung Erläuterung der einzelnen Abschnitte der Gewerbeordnung unter besonderer Berücksichtigung der für die Großindustrie wichtigen Teile.

(59.) Patentrecht — *Fr 6-7* . . . . Osterrieth

Historische Einleitung, Deutsches Recht, Internationales Recht, Rechtsvergleichender Überblick.

(60.) Bank- und Börsenrecht — *Fr 7-8* . . . . . Heilfron

a) Münzrecht.

1. Das Münzgesetz vom 1. Juni 1909. — Münzgesetze für die Schutzgebiete. — Papiergeldgesetzgebung.

2. Scheckrecht. — Postscheckrecht. — Überweisung und Abrechnung.

b) Bankrecht.

1. Allgemeines.

α) Rechtsgrundlagen des Effektenverkehrs unter Zugrundelegung des Berliner Kurszettels; Anleihewesen, Landschaftliche und Hypothekenpfandbriefe, Aktien und Obligationen, Kuxe, Kolonialanteile.

β) Rechtsgrundlagen der einzelnen Bankgeschäfte: Kontokurrent-, Diskont-, Lombard-, Depot-, Depositen-, Inkasso-, Effektenkommissions-, Gründungs-, Emissionsgeschäfte.

2. Die Notenbanken.

α) Die rechtliche Stellung der Reichsbank. Bankgesetz, Reichsbankstatut, Geschäftsbedingungen.

β) Die rechtliche Stellung der Privatnotenbanken.

c) Börsenrecht.

1. Allgemeines: Begriff und Arten der Börse. — Entwickelung der Börsengesetzgebung und der Börsenbesteuerung.

2. Das Börsengesetz vom 27. Mai 1908:

α) Allgemeine Bestimmungen (Staatsaufsicht, Börsenordnung, Börsendisziplin).

β) Feststellung des Börsenpreises und Maklerwesen.

γ) Zulassung von Wertpapieren zum Börsenhandel.

δ) Rechtliche Behandlung der Kassa- und der Termingeschäfte, der Prämien- und der Prolongationsgeschäfte.

ε) Börsenstrafrecht.

3. Reichsstempelgesetz und Wechselstempelgesetz.

(61.) Eisenbahnrecht — *Do 7-8* . . . . Eger

Historische Entwickelung des Eisenbahnrechts. — Allgemeine Grundzüge. — Internes und internationales Eisenbahnfrachtrecht. — Vorbereitung, Ausführung und Beendigung des Eisenbahntransports nach dem Handels-

Dozent:

gesetzbuch und der Eisenbahnverkehrsordnung, sowie dem internationalen Übereinkommen über den Eisenbahnfrachtverkehr.

(62.) Die Jurisprudenz des täglichen Lebens — *Do 8-9 Abends* . . . . Eltzbacher

Privatleben. — Geschäftsleben. — Familienleben.

(63.) Zivilprozeß u. Zwangsvollstreckung (mit Übungen) — *Mi 4-6* . . . . Eltzbacher

Grundsätze des gerichtlichen Verfahrens. — Amts- und Landgerichte, Gewerbe- und Kaufmannsgerichte, höhere Gerichte. — Zuständigkeit der Gerichte. — Der Kaufmann als Partei vor den niederen Gerichten. — Der Kaufmann als Richter im Gewerbe- und Kaufmannsgericht. — Klage und Zahlungsbefehl. — Beweislast und Beweismittel. — Gerichtliche Entscheidungen und deren Anfechtung. — Zwangsvollstreckung in das bewegliche und unbewegliche Vermögen. — Gerichtskosten.

Anleitung zum Entwerfen von Klageschriften und sonstigen Anträgen sowie von Instruktionen für den Rechtsanwalt.

(64.) Deutsches und preußisches Staatsrecht — *Sb 11-1* Preuß

Staat und Recht. — Rechts- und Verfassungsstaat. — Das Reich und die Einzelstaaten. — Die Organisation des Reichs (Kaiser, Bundesrat, Reichstag — Reichskanzler und oberste Reichsämter). — Die Reichskompetenz und Reichsgesetzgebung. — Die Organisation des preußischen Staates (Krone, Landtag, Ministerium). — Die preußische Landesgesetzgebung.

(65.) Deutsche Verfassungsgeschichte — *Mo 12-1* . Preuß

Das alte Reich und die Territorien. — Die Auflösung der Reichsverfassung. — Deutsche Staatlosigkeit. — Österreich und Preußen. — Zusammenbruch und Fremdherrschaft; der Rheinbund. — Die preußische Reform. — Freiheitskriege und Wiener Kongreß. — Die deutsche Bundesakte. — Der süddeutsche Konstitutionalismus. — Norddeutschland und Preußen bis 1830. — Zwischen 1830 und 1848. — Die Bewegung von 1848 und die Reaktion. — Der Konstitutionalismus in Preußen; „neue Ära“ und Verfassungskonflikt. — Die Krisis von 1866; Norddeutscher Bund und neues Reich. — Die Entwickelung der Reichsverfassung.

(66.) Juristische Übungen für Anfänger — *wahlweise Do 4-6 (Übungen A) oder Sb 11-1 (Übungen B)* Eltzbacher

Besprechung einfacher Rechtsfälle aus dem Geschäftsleben. — Entwerfen von Geschäftsbriefen in Rechtsangelegenheiten.

Am Donnerstag und Sonnabend wird derselbe Stoff behandelt. Die doppelte Abhaltung der Übungen dient nur der Verminderung der Teilnehmerzahl.

(67.) Juristisches Seminar, alle 14 Tage in noch zu bestimmenden Stunden . . . . Eltzbacher

Anleitung zur wissenschaftlichen Behandlung von Fragen des Rechts und der Politik.

(A) vor Übungen = „Aufnahme vorher bei dem Dozenten nachzusuchen“.

V. Wirtschaftsgeographie und Wirtschaftsgeschichte.

(Kolonien: s. Abt. III. — Zur Wirtschaftsgeschichte überhaupt vgl. Abt. III u. IX. — Geographische Warenkunde: s. Abt. VI.)

Dozent:

(68.) Allgemeine Geographie als Grundlage der Wirtschaftsgeographie — *Di 11-1* . . . . . . Tiessen

Grundbegriff und Gliederung der Geographie. Das Wesen der allgemeinen Geographie und die Stellung der Wirtschaftsgeographie in der Gesamtwissenschaft. Hauptlehren der 1. mathematischen Geographie: Erdgestalt, Kartographie; 2. physischen Geographie: Bodengestaltung, Klimalehre, Kunde der Meeresräume und der Binnengewässer; 3. biologischen Geographie: Verbreitung der Pflanzen und Tiere; 4. Geographie des Menschen: die Rassen und ihre Verbreitung, Geographie der Kulturformen und Staatenkunde, geographische Grundlagen der wirtschaftlichen Betätigung (Produktion, Verkehr und Handel).

— Geographische Grundlagen der Warenkunde — *Do 6-7* (Inhaltsangabe siehe Seite 32) . . . Tiessen

(69.) Spezielle Wirtschaftsgeographie — *Mo 12-1, Sb 11-1* . . . . Wegener

Einleitung: Begriff, Voraussetzungen und Methode der speziellen, d. h. länderkundlichen Wirtschaftsgeographie. — Der Wirtschaftsraum als Ganzes: Oikumene und Wirtschaftsbereich; die kosmischen Faktoren, die tellurischen Faktoren des letzteren. — Die großen Gesamtzüge des Festlandes, der Wasserhülle, der Lufthülle, der Lebewelt in ihrer wirtschaftlichen Bedeutung. — Die geographische Verteilung der Menschheit als des wirtschaftenden Subjekts.

Europa. Allgemeines: Lage, Raumverhältnisse, Grundzüge des festländischen Baus, der Gewässer, des Klimas, der Pflanzen- und Tierwelt, der menschlichen Besiedelung. Die Hauptwirtschaftsgebiete: Mitteleuropa, Südeuropa, Ost- und Nordeuropa, Westeuropa.

Einzelschilderung: Deutschland. Allgemeines: Lage, Grenzen, Größe, horizontale und vertikale Gliederung, die geologische Entstehung des Landes und ihre wirtschaftliche Bedeutung; Bodeneigenschaften und Bodenschätze; Gewässer; Klima; Lebewelt. Wirtschaftsgeographische Darstellung der Sonderlandschaften: Die deutschen Alpengebiete und die oberdeutsche Hochfläche, das südwestdeutsche Stufenland, das niederrheinische Bergland, der mitteldeutsche Gebirgsstreifen, das norddeutsche Flachland, die deutschen Meeresteile. — Ebenso dann: Niederlande, Dänemark, Österreich-Ungarn, die Schweiz. — Spanien, Italien, Balkanländer. — Rußland, Schweden, Norwegen. — England, Belgien, Frankreich.

Afrika. Behandlung entsprechend Europa; Hauptwirtschaftsgebiete: Die Mittelmeerländer, Sahara und Sudan, das tropische Afrika, Südafrika.

Asien ebenso, Hauptwirtschaftsgebiete: Vorderasien, Russisch-Asien, Zentral- und Ostasien, Südostasien und Indien.

Dozent:

Amerika ebenso. Hauptwirtschaftsgebiete: Die arktischen Gegenden, Kanada, die Vereinigten Staaten, Mittelamerika und die westindischen Inseln, das tropische Südamerika, das subtropische und gemäßigte Südamerika.

Australien und Ozeanien ebenso. Hauptwirtschaftsgebiete: Der Osten Australiens, das Innere und der Westen Australiens, Neuseeland, die melanesische Inselwelt, die polynesische und mikronesische Inselwelt.

Die Ozeane und Antarktika.

Weltwirtschaftliche Zusammenfassungen und Ausblicke.

(70.) Astronomische Geographie, besonders Gestalt, Größe und Dichte der Erde, in allgemeiner Darstellung mit Lichtbildern — *Fr 7-8* . . Marcuse

Wesen und Bedeutung der astronomischen Geographie als Grenzgebiet zwischen Himmels- und Erdkunde. — Gestalt der Erde in den verschiedenen Stufen der Erkenntnis vom Altertum bis jetzt. — Größe des Erdkörpers aus Gradmessungen, Pendelbeobachtungen und astronomischen Messungen. — Metrisches Maß- und Gewichtssystem, Internationale Erdmessung. — Dichte des Erdkörpers aus Lotablenkungen, Schwerkraftsmessungen und Wägungen. — Neuere Anschauungen über das Innere und die vulkanischen Kräfte der Erde.

(71.) Instrumentenkunde und Lehre vom Messen, besonders für Ortsbestimmung und Vermessung auf Reisen und in den Kolonien, mit Exkursionen in mechanische Werkstätten — *Mo 8-9 Abends* . . . . Marcuse

Grundzüge und geschichtliche Entwickelung der Meßkunst und Meßinstrumente. — Hilfsapparate: Fernrohr, Meßkreis, Libelle, Bussole und Horizont. — Zeitmessende Instrumente: Chronometer und Pendeluhr. — Winkelmessende Instrumente und Vermessungsapparate: Sextanten, Libellenquadranten, Theodolite und Universale, Meßtisch, Distanzmesser, Basisapparate und Nivellierinstrumente. — Bedeutung der Photographie für Ortsbestimmung und Vermessung: photogrammetrische Fernaufnahmen.

(72.) (*A*) Übungen für geographische Ortsbestimmung und Vermessung auf der astronomischen Station der Handels-Hochschule im Anschluß an die Vorlesung über Instrumentenkunde — *Mo 9-10 Abends* . . . . Marcuse

Handhabung der zeit- und winkelmessenden Instrumente. — Orts- und Zeitbestimmungen. — Vermessungen.

(73.) Die wirtschaftlichen Verhältnisse Rußlands — *Mo 7-8* . . . . Palme

I. Übersicht über die wirtschaftsgeographischen Gebiete des europäischen und asiatischen Rußland (mit gelegentlichen Lichtbildern).

(A) vor Übungen = „Aufnahme vorher bei dem Dozenten nachzusuchen".

Dozent:

II. Die Landwirtschaft Rußlands. Geschichtliche Entwickelung der Bodenbesitzverhältnisse. Die neue Agrargesetzgebung und ihre wirtschaftliche Bedeutung. Die kolonisatorische Erschließung Sibiriens. Die landwirtschaftliche Produktion. Die landwirtschaftlichen Nebengewerbe.

III. Industrie und Handel Rußlands. Geschichtliche Einleitung. Zoll- und Tarifpolitik Rußlands. — 1. Industrie-, Nahrungs- und Genußmittel, Textilindustrie, Lederindustrie, Holzbearbeitung, Papierindustrie, Industrie der Seifen, Fette, Öle, Bergbau, Hütten- und Salinenwesen, keramische Industrie, chemische Industrie, Tabakfabrikation. Die Heimgewerbe. — 2. Handel. Allgemeine Charakteristik des inneren Handels. Jahrmärkte. Börsen. Das Artelwesen. Aktiengesellschaften. Ausländisches Kapital. Der auswärtige Handel Rußlands, insbesondere der deutsch-russische Warenaustausch. Der Transithandel.

(74.) Allgemeine Handelsgeschichte unter Berücksichtigung der welthistorischen Beziehungen — *Di 8-9 Abends* . . . . Hoeniger

Der Handel der alten Welt. — Einheitliche Verkehrsgestaltung im Römischen Reich. — Zusammenbruch der antiken Kultur. -- Einfluß der christlichen Kirche auf die mittelalterliche Organisation des Handels. — Politisches und merkantiles Vordringen des Islam. — Handelsgeschichtliche Stellung der Juden im Mittelalter. — Neue Anfänge des Städtewesens und des Bürgertums. — Kreuzzüge. — Umgestaltung der Welthandelsbeziehungen seit dem Zeitalter der Entdeckungen. — Nationale Staatsbildung und Anfänge großkapitalistischer Entwickelung. — Überseekolonisation und Handelskriege. — Schutzzoll und Freihandel. — Technische Fortschritte und Verkehrsumwälzungen der neuesten Zeit. — Welthandelsmächte und Weltpolitik.

(75.) Das Deutschtum im Ausland und seine Bedeutung für den deutschen Handel — *Di 7-8* . . . Hoeniger

Mittelalterliche Kolonisation und auswärtige Handelsniederlassungen des alten Deutschen Reichs. Zusammenbruch der deutschen Weltstellung seit dem Ausgang des Mittelalters. Nationale Verluste durch Auswanderung und gedrückte Lage des deutschen Handels in der Epoche der politischen Zerklüftung des deutschen Volkes. Neuer Aufschwung als Folge des nationalen Zusammenschlusses. — Zahl und Geltung der Deutschen außerhalb der Reichsgrenzen: in Europa, in Übersee. — Die gegenwärtige Stellung des Deutschen Reichs in der Weltwirtschaft und die Stützpunkte des Auslanddeutschtums für das deutsche Wirtschaftsleben. Pflichten des deutschen Kaufmanns im Ausland.

(76.) (A) Übungen des geographischen Seminars — *Mo 6-8* (14 tägig, beginnend am 28. Oktober) Wegener

(77.) (A) Geographische Übungen — *Mo 6-8* (14 tägig, beginnend am 4. November) . . . . . . Tiessen

Der Auditorienzettel erscheint vor Beginn des Semesters.

VI. Reine und angewandte Naturwissenschaften, Warenkunde, Technologie.

Dozent:

(78.) Maschinenlehre — *Mo 12-1, Sb 11-1* . . . . Martens

Grundgesetze der Mechanik und Wärmelehre. Fertigkeitslehre und Maschinenelemente.

Antriebsmaschinen.

a) Wärmekraftmaschinen: 1. Bezeichnungen für Arbeit, Leistung, Wärmemenge; 2. Einzelteile der Kolbenmaschinen (Zylinder, Kolben, Pleuelstange, Kurbelwelle usw.); 3. Explosionsmotore (für Leuchtgas, Sauggas, Gichtgas; Benzin, Spiritus); 4. Verbrennungsmotore (für Rohpetroleum); 5. Kolbendampfmaschinen und ihre Geschichte. 6. Dampfturbinen; 7. Dampfkessel für 5. und 6; 8. Vergleich der verschiedenen Brennmaterialien und Motorarten in Bezug auf wirtschaftliche Verhältnisse und gesetzliche Vorschriften.

b) Windmotore.

c) Wassermotore: (Wasserräder, Turbinen; Stauanlagen, Talsperren usw.). Anwendung von Elektromotoren (innere Einrichtung wird im Sommersemester in der Vorlesung über Elektrizitätslehre besprochen).

Arbeitsmaschinen:

1. Wasserförderung (Pumpen, Wasserversorgung usw.); 2. Gas- insbesondere Luftförderung (Pumpen, Kompressoren, Bomben, Prinzip von Gasbrennern usw.); 3. Kälteindustrie (flüssige Luft, Sauerstoff, künstliches Eis, Kühlhallen).

Lagerungs-, Hebe- und Transportanlagen.

1. Hebezeuge (Flaschenzüge, Krane, Aufzüge); 2. Kontinuierliche Förderung von körnigen Massen (Getreide, Sand usw.); 3. Kleinbahnbetrieb (in Fabriken, Bergwerken auf kurze Entfernungen); 4. Eisenbahnbetrieb auf größere Entfernungen, insbesondere Lokomotiven. 5. Wassertransport.

(79.) Experimentelle Elektrizitätslehre — *Di 9-10 Abends* . . . . Martens

1. Elektrostatik (Reibungs- und Influenzelektrizität). 2. Galvanismus (Elemente, Ohm'sches Gesetz). 3. Elektrolyse (Metallausfällung, Akkumulatoren). 4. Magnetismus (Permanente Stahlmagnete, Erdmagnetismus). 5. Beziehungen zwischen elektrischem Strom uud Magnetismus (Magnetisches Feld eines Stromes, Induktion eines Stromes). 6. Ferromagnetische Substanzen, insbesondere Eisen. 7. Dynamomaschinen für Gleichstrom, Wechselstrom, Drehstrom (Motoren und Generatoren). 8. Transformatoren und Kraftübertragung. 9. Elektrische Apparate (Klingel, Telegraph, Telephon, Uhr, Galvanometer-Zähler). 10. Beziehungen zwischen Elektrizität und Wärme (Joule'sche Wärme und elektrische Beleuchtung, Temperaturkoeffizient, Thermoelektrizität). 11. Durchgang der Elektrizität durch Gase (Röntgenstrahlen, Radium). 12. Elektrische Schwingungskreise. 13. Freie elektrische Wellen (Elektrizität und Licht, drahtlose Telegraphie).

(A) vor Übungen = „Aufnahme vorher bei dem Dozenten nachzusuchen".

Dozent:

(80.) Technische Ausflüge — *Mi 3-6* . . . . . . Martens

In Aussicht genommen ist die Besichtigung folgender Anstalten:

1. Der technischen Anlagen von Handels-Hochschule und Börse; 2. einer Sauggasanlage und kleinen elektrischen Zentrale; 3. einer Automobilfabrik; 4. einer Diesel-Motoranlage; 5. einer Dampfturbinenfabrik; 6. einer elektrischen Haupt-; 7. einer Nebenzentrale; 8. eines städtischen Wasserwerkes; 9. einer Markt- und Kühlhallenanlage; 10. des Kgl. Verkehrsmuseums; 11. einer Lokomotivfabrik.

(81.) Kleines physikalisch-technisches Praktikum — *Do oder Sb 3-6* . . . . Martens

(82.) Mittleres physikalisches Praktikum — *Do, Sb 3-6* Martens

Mit den praktischen Übungen im physikalischen Institute werden folgende Zwecke verfolgt: 1. Einprägung und besseres Verständnis der wichtigsten physikalischen Gesetze; 2. Erlernung der wichtigsten Maßbezeichnungen; 3. Erwerbung von Sicherheit im Rechnen, insbesondere mit Rechenschieber und Logarithmentafel. 4. Aneignung der praktisch wichtigsten Fertigkeiten, z. B. Messung von Längen, Zeitmessung, Wägen; Anlassen und Untersuchung von Benzinmotoren, Elektromotoren usw. 5. Übung in zeichnerischer Darstellung. Die unter 2, 3, 4 und 5 genannten Zwecke können niemals in einer Vorlesung, sondern nur durch praktische Übungen erreicht werden. Im Verlauf eines Semesters kann im kleinen Praktikum naturgemäß nur eine kleinere Anzahl dieser Aufgaben bearbeitet werden als im mittleren Praktikum.

(83.) (ᵈ) Großes physikalisches Praktikum — *täglich von 9-6*. . . . . Martens

(84.) Einige interessante Kapitel aus Naturwissenschaft und Technik — *Mo 8-9 Abends* . . . . . Miethe

Erwerbung von Vorstellungen und Erfahrungen. — Die Sinneswerkzeuge, speziell das Auge. Zeitliche und räumliche Grenzen der optischen Wahrnehmungen. — Erweiterungen der natürlichen Grenzen durch apparative Hilfsmittel. — Photographie und Kinematographie. — Neuere Ergebnisse der Spektralanalyse. —

Unsere Vorstellungen vom Wesen der Materie. — Problem der Radioaktivität. — Natürliche chemische Verbindungen von besonderem technischen Wert. — Chemische Synthese organischer Verbindungen. — Künstliche Edelsteine und Imitationen.

(85.) Anorganische Chemie (mit Experimenten) — *Mo 4-6* . . . . Binz

Grundbegriffe: Theorie der Atome und Moleküle. — Die wichtigsten Metalloide und ihre Verbindungen. — Sauerstoff, Wasserstoff, Wasserstoffsuperoxyd. Chlor, Brom, Jod und ihre Säuren. Stickstoff, Ammoniak, Salpetersäure. Der Schwefel und seine Säuren. Phosphor. Kohlenstoff. Silicium. Die wichtigsten Metalle und ihre Salze. Natrium, Kalium, Ammonium. Gruppe des Kalziums. Magnesium. Aluminium. Zink. Eisen. Die halbedeln und edeln Metalle.

Dozent:

(86.) Chemische Technologie und chemische Warenkunde organischer Stoffe (mit Experimenten) — *Do 4-6* . . . . Binz

Erdölindustrie: Benzin, Petroleum, Schmieröle, Paraffin. — Destillation des Holzes: Holzessig, Holzgeist, Formaldehyd. — Industrie der Fette und Öle; Milch, Butter, Margarine; die trocknenden Ole, Lackfabrikation, Linoleum. Seife, Glyzerin, Nitroglyzerin. — Zucker, Stärke, Gärungsgewerbe. — Kautschuk, Guttapercha. — Ätherische Öle und Kampher. Industrie der Riechstoffe. — Faserstoffe, Papier. — Destillation der Steinkohle. — Leuchtgas, Kokerei, Steinkohlenteer, Teerfarbstoffe.

(87.) Geographische Grundlagen der Warenkunde — *Do 6-7* . . . . Tiessen

Der Anteil der Geographie an der Warenkunde. Begriff der Produktions-Geographie. Einteilung der Rohprodukte nach natürlichen Gruppen. Übersicht der auf die Erdoberfläche und ihre Bestandteile wirksamen Kräfte. 1. Die Rohprodukte der unbelebten Welt. Entstehung und geographische Verbreitung der nutzbaren Gesteine und anorganischen Mineralien, insbesondere der Erz- und Salzlagerstätten. Die energieliefernden Mineralien (Torf, Braunkohle, Steinkohle, Erdöl). Die geologischen und geographischen Bedingungen für ihre Entstehung, Verbreitung und Nutzbarkeit. 2. Die Rohprodukte der belebten Welt. a) Pflanzliche Rohstoffe: ihre ursprüngliche Verbreitung in Abhängigkeit von geographischen Faktoren (Klima, Verteilung von Wasser und Land, Höhenverhältnissen); ihre Benutzung und Beeinflussung durch den Menschen (Nutzpflanzen und Kulturpflanzen). b) Tierische Rohstoffe: ihre ursprüngliche geographische Verbreitung; ihre Benutzung und Beeinflussung durch den Menschen (Nutztiere und Haustiere). — Wirkung der Produktion an Rohstoffen auf den Menschen: Bedeutung für die Entwickelung der Wirtschaftsformen (Sammelwirtschaft, Ackerbau, Viehzucht, Siedelung, Industrie, Handel und Verkehr). Rückwirkung von Handel und Verkehr auf die Erzeugung von Rohprodukten.

(88.) Chemie für Industrie-Kaufleute (mit Experimenten) — ***Fr 8-9 Abends*** . . . . Binz

Die Atomtheorie. — Grundbegriffe der anorganischen Chemie. Die wichtigsten Nichtmetalle (Wasserstoff, Sauerstoff, Chlor, Brom, Jod, Schwefel, Stickstoff, Phosphor, Silicium) und ihre technischen Verwendungen. — Die wichtigsten Metalle und ihre Salze. Die anorganische Großindustrie. — Grundbegriffe der organischen Chemie. Verbindungen der Fettreihe: Die Kohlenwasserstoffe des Erdöls; Destillation des Holzes; Alkohole und Säuren; Cyanverbindungen; Zucker, Stärke, Zellulose; Zyklische Kohlenstoffverbindungen usw. Destillation der Steinkohle. Die organische Großindustrie.

(89.) (*A*) Dreistündiges chemisches Praktikum — *in beliebigen Stunden, täglich, innerhalb der Zeit von 10-1 und 3-6, mit Ausnahme von Sb Nachm.* . . . . Binz

Anfängerübungen. Qualitative und quantitative Analyse. Anorganische und organische Präparate und Synthesen.

(A) vor Übungen = „Aufnahme vorher bei dem Dozenten nachzusuchen".

Dozent:

Experimentelle Einführung in technische Verfahren und technische Untersuchungsmethoden, je nach der chemischen Vorbildung und den speziellen Bedürfnissen der Teilnehmer.

(90.) ([A]) Sechsstündiges chemisches Praktikum — *in beliebigen Stunden, täglich, innerhalb der Zeit von 10-1 u. 3-6, mit Ausnahme von Sb Nachm.* Binz

Der Lehrstoff ist derselbe wie beim dreistündigen Praktikum und wird in der entsprechend kürzeren Zeit erledigt.

VII. Sprachen.

Der praktischen Erlernung des mündlichen und schriftlichen Gebrauchs fremder Sprachen, einschließlich der fremdsprachlichen Handelskorrespondenz, dient das »*Handels-Hochschul-Seminar für fremde Sprachen*«.

Für das Winter-Semester 1912/13 werden im Spanischen *Unter-*, *Mittel-* und *Ober*kurse, im Italienischen und Russischen *Unter-* und *Mittel*kurse, im Englischen und Französischen *Mittel-* und *Ober*kurse eingerichtet. In den beiden letzten Fächern, zu denen nur immatrikulierte Studierende zugelassen werden, setzen die *Mittelkurse* die vorhandenen (nicht bloß einmal vorhanden gewesenen) Vorkenntnisse voraus, die auf deutschen Realanstalten bei der Versetzung nach Obersekunda verlangt werden, während die *Oberkurse* für Fortgeschrittene bestimmt sind.

Für solche immatrikulierte Studierende, die bereits eine ausreichende Kenntnis der englischen oder der französischen Sprache besitzen und lediglich in Übung zu bleiben wünschen, werden besondere »*Einstündige Kurse für Fortgeschrittene*« eingerichtet. Eine notwendige Ergänzung zu dem unter steter Beziehung auf das moderne Kulturleben erteilten Sprachunterricht bilden die in Abschnitt IX u. a. verzeichneten *Vorlesungen* aus dem Gebiet des englischen, französischen und russischen Geistes- und Wirtschaftslebens.

Die Unterrichtssprache ist soweit als möglich die fremde Sprache. Im Interesse einer gründlichen Ausbildung des einzelnen ist die Zahl der Teilnehmer an den Kursen beschränkt und die Zulassung zu den Mittel- und Oberkursen von dem Bestehen einer mündlichen und schriftlichen Aufnahmeprüfung abhängig.

Anmeldungen für das Seminar sind sofort am Anfang des Semesters gemäß den am schwarzen Brett gegebenen Anweisungen zu machen. Es wird dringend darauf hingewiesen, daß im Interesse des Unterrichts Meldungen nach dem 4. November keinen Anspruch auf Berücksichtigung haben.

Der Auditorienzettel erscheint vor Beginn des Semesters.

Studierende, die Kurse in anderen europäischen Sprachen (portugiesisch, dänisch, schwedisch, holländisch usw.) zu nehmen oder eine Ausbildung in außereuropäischen Sprachen (japanisch, chinesisch, persisch, suaheli usw.) zu erlangen wünschen, werden ersucht, sich gleich zu Beginn des Semesters an den Direktor des Seminars, Dr. Spies, zu wenden. Bei ausreichender Beteiligung aus den Kreisen der Studierenden wird der gewünschte Kursus eingerichtet.

Die Kurse werden wie folgt abgehalten:

Englisch.

(91.) Mittelkursus I: Hart *Mo, Do 2-4.*
(92.) „ II: „ *Di, Fr 2-4.*
(93.) „ III: „ *Di, Fr 4-6.*
(94.) „ Neuendorff *Di, Fr 4-6.*
(95.) Oberkursus: Brandenburg *Di, Do 3-5.*
(96.) „ Hart *Mo, Do 4-6.*
(97.) „ Spies *Mi 4-6, Fr 2-3½ präzise.*
(98.) Einstündiger Kursus für Fortgeschrittene: Brandenburg *Mi 6-7.*

Französisch.

(99.) Mittelkursus: Francillon *Mo, Do 4-6.*
(100.) „ Maillet *Mo, Do 3-5.*
(101.) Oberkursus: Maillet *Di, Fr 3-5.*
(102.) Mittelkursus: Puy-Fourcat *Mo, Do 3-5.*
(103.) Oberkursus: Puy-Fourcat *Di, Fr 3-5.*
(104) „ Schmidt *Mo, Do 4-6.*
(105.) Einstündiger Kursus für Fortgeschrittene: Maillet *Mi 3-4.*

Russisch.

(106.) Unterkursus: Palme *Mo, Do 4-6.*
(107.) Mittelkursus: Boehme *Di, Fr 4-6.*
(108.) Russische Lektüre: Boehme *Mi 4-6.*

Spanisch.

(109.) Unterkursus: de Mugica *Mo, Do 5-7.*
(110.) Mittelkursus: de Palacios *Mo, Do 4-6.*
(111.) Oberkursus: de Mugica *Di 5-7, Fr 6-8.*

(A) vor Übungen = „Aufnahme vorher bei dem Dozenten nachzusuchen".

Italienisch.

(112.) Unterkursus: Stoppani *Mo, Do 4-6.*
(113.) Mittelkursus: Stoppani *Di, Fr 4-6.*

(114.) Deutsche Sprachkurse für Ausländer.

Von den die Handels-Hochschule besuchenden Ausländern wird vorausgesetzt, daß sie eine Kenntnis der deutschen Sprache besitzen, die sie befähigt, an den Vorlesungen und Übungen teilzunehmen. Damit ihnen jedoch Gelegenheit gegeben werde, ihren Aufenthalt in Deutschland zur weiteren Vervollkommnung im Gebrauch der deutschen Sprache zu benutzen, werden Übungen im mündlichen und schriftlichen Gebrauch der deutschen Sprache abgehalten mit besonderer Rücksicht auf kaufmännische Verhältnisse:

Grammatische und stilistische Übungen. Sprechübungen über deutsche Landes- und Volkskunde, deutsches Geistes- und Wirtschaftsleben, deutsche Einrichtungen im Vergleich zu ausländischen. Schriftliche Nacherzählungen von eben Gehörtem oder Beobachtetem. Pflege der kaufmännischen Korrespondenz. Lektüre ausgewählter Abschnitte aus modernen Schriftstellern nach Paszkowski, Lesebuch zur Einführung in die Kenntnis Deutschlands und seines geistigen Lebens. 5. Auflage. Berlin, Weidmann 1911.

Paszkowski *Di, Fr 8-9* (Kursus A),
Mo, Do 4-5 (Kursus B).

Seminarbibliothek.

Diejenigen Studierenden, die in einen Sprachkursus aufgenommen sind, haben das Recht auf Benutzung der Seminarbibliothek und des Lesezimmers, I. Stock links, Zimmer 107 (vergl. Anschlag am schwarzen Brett).

VIII. Theorie und Praxis des kaufmännischen Unterrichts, Pädagogik.

Dozent:

(115.) Pädagogische Zeitfragen — *Sb 10-11* . . . . Kühne

Pädagogik als Wissenschaft. Prüfung der geistigen Fähigkeiten. Eigenart des Jugendalters. Gemeinschaftliche Erziehung der männlichen und weiblichen Jugend. Neue Formen der Schulzucht. Staatsbürgerliche Erziehung der kaufmännischen Jugend. Kunsterziehung in kaufmännischen Schulen. Aufgaben der Jugendpflege.

(116.) (*A*) Seminar für Handelslehrer I — *Sb 11-1* (14tägig) . . . . Kühne

Die Lehr- und Lernmittel der kaufmännischen Fortbildungsschule. Behandlung von Fragen des kaufmännischen Unterrichts im Anschluß an Berichte der Mitglieder.

Der Auditorienzettel erscheint vor Beginn des Semesters.

Dozent:

(117.) (A) Seminar für Handelslehrer II — *Fr 5-8* . . Kühne

Besuch von kaufmännischen Schulen Berlins und der Vororte. Muster- und Probelektionen mit anschließenden Besprechungen. Lehrtätigkeit der Mitglieder.

Die Übungen finden in den kaufmännischen Schulen der Korporation der Kaufmannschaft unter Mitleitung von Herrn Direktor Dr. Knörk statt.

IX. Allgemeine wissenschaftliche Ausbildung.

(118.) Lebensanschauungen moderner Dichter und Denker — *Do 7-8* . . . . Frischeisen-Köhler

Lebensanschauung und Weltanschauung. Philosophie und Dichtung. Richard Wagner. Tolstoj. Dostojewsky. Emerson. Kierkegaard. Ibsen. Zola. Nietzsche. Maeterlinck.

— Einige interessante Kapitel aus Naturwissenschaft und Technik — *Mo 8-9 Abends* (Inhaltsangabe siehe Seite 31) . . . . Miethe

(119.) Geschichte der Deutschen Literatur im Zeitalter Bismarcks (1848—1880) — *Do 6-7*. . . . Herrmann

Einleitung: Kultur und Literatur der Generation 1815—48 (Ultraromantik, Junges Deutschland).

Kultur der Generation 1848—80. Leben. — Wissenschaft. — Bildende Kunst. — Musik. — Literaturkritik. — Literatur. Nachromantik, Eklektik, Nachleben des jungen Deutschlands. Realismus (Freytag, Reuter, Groth, Ludwig). Halbrealismus (Scheffel, Keller, Hebbel). Pessimismus (Raabe, Hamerling). — Literatur der Gründerzeit. Schiffbruch der Lyrik. Französisches Theater (Augier, Dumas, Sardou). Feuilletonkritik. Theaterliteratur (Lindau usw.). Zeitroman (Auerbach, Spielhagen, Heyse) und Novelle (Storm). — Neue Wege (Anzengruber, C. F. Meyer).

(120.) Deutsche Kunst im 19. Jahrhundert (mit Lichtbildern) — *Di 6-7*. . . . . Justi

Die alte Kunst. Der Klassizismus. Die Nazarener. Die Romantik. Franzosen und Belgier. Historien- und Genremalerei. Feuerbach, Marées, Hildebrand, Böcklin. Menzel. Der Impressionismus. Bewegungen der Gegenwart.

(121.) Das Kunstgewerbe als Arbeitsfeld des Kaufmanns (mit Lichtbildern und Vorführungen) — *Di 9-10 Abends*. . . . . Jessen

Die Arbeitsteilung in den heutigen Geschmacksindustrien: der Techniker, der Künstler, der Kaufmann als Vermittler und als Unternehmer. Der Aufstieg des deutschen Kunstgewerbes zur Qualitätsarbeit. Die Grundlagen: Zwecke, Stoffe, Arbeitsweisen, Form und Farbe. Die Arbeitsgebiete: Raumkunst, Möbel, Metallgeräte und -Gefäße, Kunsttöpferei, die textilen Künste, Bekleidung. Künstlerische Möglichkeiten im Geschäftsbetriebe des Kaufmanns.

(A) vor Übungen = „Aufnahme vorher bei dem Dozenten nachzusuchen".

Dozent:

(122.) Aus dem modernen England (mit Lichtbildern) — *Do 9-10 Abends* . . . . Spies

England im Spiegel des Auslands und der deutsch-englische Gegensatz — das englische Volkstum in Vergangenheit und Gegenwart. — Hauptströmungen in der geistigen und wirtschaftlichen Entwickelung des Landes mit besonderer Berücksichtigung der Zeit nach 1900. — Tagesfragen.

(123.) The English Language — *Fr 11-12* . . . . Spies

Preliminary remarks. — The beginnings of English. — Chronological divisions. — The dialects. — Literary English and literary Scotch. — Manuscripts and books. — Foreign influences. — Changes in the forms of words. — Sounds and spellings; spelling-reforms. — Simplification of English inflections. — Characteristics of style. — Expansion of English, rivalry of languages, artificial languages. — The future of English.

(124.) Der Wortschatz des Englischen mit Rücksicht auf die praktische Sprachbeherrschung — *Fr 12-1* . . . . Spies

Wortschatz und Kultur. — Die Zusammensetzung des englischen Wortschatzes. — Aussterben alter und Aufkommen neuer Wörter; fremde Einflüsse und Purismus, Mode, Reklame. — Der Wortschatz der Literatur und des täglichen Lebens; slang. — Wörterbücher und Verwandtes. — Englische Wörter in anderen Sprachen, bes. im Deutschen. — Der Wortschatz vom Standpunkt der Wissenschaft. — Eigennamen (Ortsnamen, Personennamen); Adreßbücher in alter und neuer Zeit.

Anwendung auf die praktische Erlernung des Englischen an der Hand von Karten (London und die britischen Inseln) sowie geeigneter Texte.

(125.) Les Courants intellectuels en France sous la troisième République (1870—1912) — *Fr 8-9 Abends* . . . . Haguenin

Les courants intellectuels en France: la troisième République. La Commune: hommes et idées. — La réaction. — Les partis politiques de 1870 à 1900. — Les problèmes religieux. — L'organisation de l'enseignement. — Développement des idées sociales.

X. Fertigkeiten.

Stenographie (System Stolze-Schrey) . . . . Coprian

(126.) Unterkursus — *Di 3-5.*

(127.) Oberkursus — *Fr 3-5.*

Diktatübungen und Debattenschrift.

Der Auditorienzettel erscheint vor Beginn des Semesters.

D.

Stunden-Übersicht

für das

Winter-Semester 1912/13.

D. Stunden-Übers

Stunde	Montag	Dienstag	Mittwoch
8—9		*Passkowski, Deutsch f. Ausländer A.*	
9—10	**Gerstner**, Buchhaltung f. Anf.	**Jastrow**, Allg. Nationalökonomie **Schär**, Kalkulation **Leitner**, Handelsw. Seminar II	**Kriele**, Wirtschaftsinter **Leitner**, Allg. Privatwirt **Schär**, Handelsw. Semi
10—11	**Eltzbacher**, Bürgerl. Recht **Köbner**, Moderne Kolonialreiche **Preuß**, Finanzwissenschaft	**Jastrow**, Allg. Nationalökonomie **Schär**, Kalkulation	**Leitner**, Allg. Privatwirt **Schär**, Handelsw. Semi
11—12	**Eltzbacher**, Bürgerl. Recht **Preuß**, Finanzwissenschaft	**Manes**, Allg. Versicherungslehre **Tiessen**, Allg. Geographie	**Hellauer**, Allg. Welthan **Sombart**, Spez. Nationalö
12—1	**Martens**, Maschinenlehre **Preuß**, Verfassungsgeschichte **Wegener**, Wirtsch.-Geographie	**Manes**, Allg. Versicherungslehre **Tiessen**, Allg. Geographie **Schär**, Bank i. Dienste d. Kaufm.	**Hellauer**, Allg. Welthan **Sombart**, Spez. Nationalö
1—2			
2—3	*Hart, Engl. M.*	*Hart, Engl. M.*	
3—4	*Hart, Engl. M. — Maillet, Frans. M. — Puy-Fourcat, Frans. M.*	*Hart, Engl. M. — Brandenburg, Engl. O. — Maillet, Frans. O. — Puy-Fourcat, Frans. O. — Coprian, Stenographie U.*	**Martens**, Technische A *Maillet, Frans. E.*
4—5	**Binz**, Anorganische Chemie **v. Bortkiewicz**, Versich.-Rechn. **Hellauer**, Handelsw. Seminar *Passkowski, Deutsch f. Ausländer B.* *Hart, Engl. O. — Francillon, Frans. M. — Maillet, Frans. M. — Puy-Fourcat, Frans. M. — Schmidt, Frans. O. — Palme, Russ. U. — de Palacios, Span. M. — Stoppani, Ital. U.*	*Hart, Engl. M. — Neuendorff, Engl. M. — Brandenburg, Engl. O. — Maillet, Frans. O. — Puy-Fourcat, Frans. O. — Boehme, Russ. M. — Stoppani, Ital. M. — Coprian, Stenographie U.*	**Eltzbacher**, Zivilprozeß **Martens**, Technische A **Sombart**, Volksw. Semi *Spies, Engl. O. — Boehm* *Lektüre*
5—6	**Binz**, Anorganische Chemie **v. Bortkiewicz**, Versich.-Rechn. **Hellauer**, Handelsw. Seminar *Hart, Engl. O. — Francillon, Frans. M. — Schmidt, Frans. O. — Palme, Russ. U. — de Mugica, Span. U. — de Palacios, Span. M. — Stoppani, Ital. U.*	**Heilfron**, Handelsrecht **Kriele**, Wirtschaftl. Uebungen [**Ziegel**, Bankrechnen] {**Ziegel**, Zinseszins- u. Rentenrechnung} *Hart, Engl. M. — Neuendorff, Engl. M. — Boehme, Russ. M. — de Mugica, Span. O. — Stoppani, Ital. M.*	**Eltzbacher**, Zivilprozeß **Martens**, Technische A **Sombart**, Volksw. Semi *Spies, Engl. O. — Boehm* *Lektüre.*
6—7	**Norden**, Handelsjournalistik [**Tiessen**, Geograph. Uebungen] {**Wegener**, Geograph. Uebungen} *de Mugica, Span. U.*	**Heilfron**, Handelsrecht **Justi**, Deutsche Kunst **Kriele**, Wirtschaftl. Uebungen [**Ziegel**, Bankrechnen] {**Ziegel**, Zinseszins- u. Rentenrechnung} *de Mugica, Span. O.*	**Goldschmidt**, Berlin **Kuczynski**, Volksw. Norda **Meyer**, Wechselrecht *Brandenburg, Engl. E.*
7—8	**v. Erdberg**, Wohlfahrtspflege **Hager**, Versich.-Verwaltgsrecht **Palme**, Russ. Wirtschaftsverh. [**Tiessen**, Geograph. Uebungen] {**Wegener**, Geograph. Uebungen}	**Heilfron**, Recht d. Grundstücke **Hoeniger**, Auslandsdeutschtum	**Kuczynski**, Moderne Gr **v. Liebig**, Privatversich **Meyer**, Handelsrecht i. W (**Somary**, Bankseminar)
8—9	**Hellauer**, Technik des Bank- und Börsengeschäfts **J. F. Hoffmann**, Getreidebehandl. **v. Luschan**, Dtsch. Schutzgebiete **Marcuse**, Instrumentenkunde **Miethe**, Naturwiss. u. Technik	**Hoeniger**, Handelsgeschichte **Sombart**, Wirtschaftsgeschichte	**J. Hoffmann**, Eisenbahn **v. Liebig**, Privatversich **Schär**, Organisation (**Somary**, Bankseminar)
9—10	**Marcuse**, Astronom. Praktikum	**Jessen**, Kunstgewerbe **Martens**, Elektrotechnik **Somary**, Bankpolitik	**Jastrow**, Handelspolitik

er-Semester 1912/13.

onnerstag	Freitag	Sonnabend	Stunde
	***Paszkowski**, Deutsch f. Ausländer A.*	**Gerstner**, Buchhaltung f. Anf.	8—9
Bilanzen Bank- u. Börsenverkehr	**Jastrow**, Allg. Nationalökonom. **Hellauer**, Spez. Welthandelslehre	**Gerstner**, Buchhaltung f. Anf. **v. Seefeld**, Gewerbeordnung	9—10
Bilanzen Bank- u. Börsenverk.	**Jastrow**, Allg. Nationalökonom. **Hellauer**, Spez. Welthandelslehre	**Eltzbacher**, Bürgerl. Recht **Preuß**, Finanzwissenschaft **Kühne**, Pädagog. Zeitfragen	10—11
führung ersicher.-Uebungen Spez. Nationalökonomie	**Leitner**, Buchhaltung **Schär**, Buchhaltungsseminar **Spies**, The English language	**Eltzbacher**, Jurist. Ueb. B. (**Kühne**, Handelslehrerseminar I) **Martens**, Maschinenlehre **Preuß**, Staatsrecht **Wegener**, Wirtsch.-Geographie	11—12
, Allg. Welthandelslehre ozialversicherung Spez. Nationalökonomie	**Leitner**, Buchhaltung **Schär**, Buchhaltungsseminar **Spies**, Engl. Wortschatz	**Eltzbacher**, Jurist. Ueb. B. (**Kühne**, Handelslehrerseminar I) **Martens**, Maschinenlehre **Preuß**, Staatsrecht **Wegener**, Wirtsch.-Geographie	12—1
			1—2
l. M.	***Hart**, Engl. M. — **Spies**, Engl. O.*	**Binz**, Chem. Praktikum, 3stündig, wahlweise in den Stunden von 10-1 oder 3-6 mit Ausnahme von Sb nachm. — Chemisches Praktikum, 6stündig, wahlweise in den Stunden von 10-1 oder 3-6 mit Ausnahme von Sb nachm. **Eltzbacher**, Juristisches Seminar *in noch zu bestimmenden Stunden.* **Jastrow**, Kolloquium *in noch zu bestimmenden Stunden.* **Martens**, Physik.-technisches Praktikum: — Kleines Do od. Sb 3-6 Uhr. — Mittl. Do u. Sb 3-6 Uhr. — Großes physikalisches Praktikum tägl. 9-6 Uhr.	2—3
*l. M. — **Brandenburg**, — **Maillet**, Frans. M. — rcat, Frans. M.*	**Jastrow**, Volkswirtsch. Seminar ***Hart**, Engl. M. — **Spies**, Engl. O. — **Maillet**, Frans. O. — **Puy-Fourcat**, Frans. O. — **Coprian**, Stenographie O.*		3—4
ran. chem. Technologie **er**, Jurist. Ueb. A. ***ki**, Deutsch f. Ausländer B. **burg**, Engl. O. — **Hart**, — **Francillon**, Frans. M. **let**, Frans. M. — **Puy-** , Frans. M. — **Schmidt**, — **Palme**, Russ. U. — **cios**, Span. M. — **Stoppani**,*	**Jastrow**, Volkswirtsch. Seminar ***Hart**, Engl. M. — **Neuendorff**, Engl. M. — **Maillet**, Frans. O — **Puy-Fourcat**, Frans. O. — **Boehme**, Russ. M. — **Stoppani**, Ital. M. — **Coprian**, Stenographie O.*		4—5
ran. chem. Technologie **er**, Jurist. Ueb. A. *ngl. O. — **Francillon**, . — **Schmidt**, Frans. O. e, Russ. U. — **de Mugica**, — **de Palacios**, Span. M. **pani**, Ital. U.*	**Crüger**, Genossenschaftsgesetz **Kühne**, Handelslehrersem. II ***Hart**, Engl. M. — **Neuendorff**, Engl. M. — **Boehme**, Russ. M. — **Stoppani**, Ital. M.*		5—6
xportkolloquium **n**, Literaturgeschichte , Uebgn f. Bankkfite] , Uebgn f. Warenkfite} Virtschaftsstatistik Geograph. Warenkunde ***ca**, Span. U.*	**Crüger**, Genossensch. Uebungen **Heilfron**, Handelsrecht **Kühne**, Handelslehrersem. II **Osterrieth**, Patentrecht ***de Mugica**, Span. O.*	Kollegs in [ ] oder in { } oder in ( ) finden 14tägig statt. Kollegs [ ] und Kollegs { } werden wochenweise abwechselnd gehalten. A und B sind Parallelkurse. Bei den *Sprachen* ist *U.* = Unterkursus, *M.* = Mittelkursus, *O.* = Oberkursus. *E.* = Einstünd. Kursus für Fortgeschrittene.	6—7
senbahnrecht **sen-Köhler**, Moderne und Denker , Uebgn f. Bankkfite] , Uebgn f. Warenkfite} , Privatversicher.-Ueb.)	**Crüger**, Genossensch. Uebungen **Heilfron**, Bank- u. Börsenrecht **Kühne**, Handelslehrerseminar II **Marcuse**, Astronom. Geographie ***de Mugica**, Span. O.*		7—8
er, Jurispr. d. tägl. Leb. Buchhaltung f. Juristen , Privatversicher.-Ueb)	**Binz**, Chemie für Industriekaufl. **Haguenin**, La 3e République **Zoepfl**, Kolonialpolitik		8—9
, Vertrieb der Bücher us d. modernen England			9—10

E.

Bestimmungen über Anfragen, Aufnahmebedingungen, Gebühren, Drucksachen, ersten Immatrikulationstermin, Beginn der Vorlesungen, Ferien.

1. Anfragen in Unterrichtsangelegenheiten sind zu adressieren:

An den Rektor der Handels-Hochschule

Berlin C. 2,
Spandauer Straße 1

2. Anfragen einfacherer Art: z. B. betreffend Immatrikulationstage, Drucksachen etc. können auch

An das Sekretariat der Handels-Hochschule

Berlin C. 2,
Spandauer Straße 1

gerichtet werden.

3. Aufnahmebedingungen und Gebühren.

a) Für die Immatrikulation als Studierender ist erforderlich:

entweder Einjährig-Freiwilligen-Zeugnis und Zeugnis über beendete kaufmännische Lehrzeit

oder Abiturienten-Zeugnis einer Vollanstalt

oder Zeugnis über bestandene zweite Lehramts-Prüfung.

Studiengeld pro Semester 125 M. (Ausländer 250 M.), einmalige Aufnahmegebühr 30 M. (Ausländer 60 M.). Studierende, die bereits an einer andern Hochschule immatrikuliert waren, zahlen nur die halbe Aufnahmegebühr. Mitglieder der Korporation der Kaufmannschaft von Berlin, sowie deren Söhne und Töchter sind von der Aufnahmegebühr befreit.

b) Als Hospitanten können Personen zugelassen werden, welche zwar den Aufnahmebedingungen zu a) genügen, aber durch persönliche Verhältnisse (höheres Lebensalter, Lebensstellung usw.) verhindert sind, sich als Studierende immatrikulieren zu lassen. Sie bezahlen als Kollegiengeld für die Wochenstunde pro Semester 10 M. (Ausländer 20 M.), sowie als Gebühr für die Benutzung der Bibliothek und Lesehalle pro Semester 5 M.

c) **Hörer** ohne Nachweis einer bestimmten Vorbildung können zu einstündigen Vorlesungen zugelassen werden und zahlen für die Wochenstunde pro Semester 10 M. (Ein Auszug aus dem Vorlesungsverzeichnis, enthaltend die „Einstündigen Vorlesungen", kann vom Sekretariat unentgeltlich bezogen werden.)

4. Ausführlichere Angaben betreffend die Handels-Hochschule, sowie Immatrikulationsbestimmungen, Gebührenordnung, Prüfungsordnungen usw. sind enthalten in den Druckschriften:

„Die Handels-Hochschule Berlin, Bericht über die erste Rektoratsperiode Oktober 1906 bis 1909, erstattet von dem Rektor der Handels-Hochschule Professor Dr. Jastrow." Verlag von Georg Reimer, Berlin W. 35. Preis 3 M.

und

„Bericht über das vierte und fünfte Studienjahr der Handels-Hochschule Berlin, Oktober 1909 bis 1911, erstattet von dem Rektor der Handels-Hochschule Professor Dr. A. Binz." Preis 1,50 M.

die durch jede Buchhandlung sowie direkt vom Verlage zu beziehen sind.

5. Die erste Immatrikulation für das Winter-Semester findet statt: **Dienstag, den 15. Oktober.** Gleichzeitig beginnen, insbesondere für neu immatrikulierte Studierende, die eine Beratung über den Studienplan wünschen, die Sprechstunden des Rektors (s. S. 3). Anmeldungen zur Immatrikulation werden jederzeit (auch während der Ferien) im Sekretariat der Handels-Hochschule entgegengenommen. — Die Vorlesungen beginnen **Montag, den 28. Oktober.** Den Studierenden wird empfohlen, beim Mieten von Zimmern zu vereinbaren, daß für die letzten Tage des Oktober die Miete tagweise zu berechnen ist.

6. Weihnachtsferien: 23. Dezember bis 4. Januar einschließlich.

Börsenbuchdruckerei Denter & Nicolas,
Berlin C.

www.ingramcontent.com/pod-product-compliance
Lightning Source LLC
LaVergne TN
LVHW042255300926
849161LV00003B/609